科技创新人才成长与竞赛指导丛书

科技实践的秘密

全国创新发明金牌教练
全国十佳科技辅导员
中学物理特级教师

崔 伟　方松飞 / 编著

东南大学出版社
SOUTHEAST UNIVERSITY PRESS

图书在版编目(CIP)数据

科技实践的秘密 / 崔伟,方松飞编著. — 南京：
东南大学出版社,2018.11
(科技创新人才成长与竞赛指导丛书 / 崔伟等主编)
ISBN 978-7-5641-8060-7

Ⅰ.①科… Ⅱ.①崔… ②方… Ⅲ.①科学技术-青少年读物 Ⅳ.①G301-49

中国版本图书馆 CIP 数据核字(2018)第 254802 号

科技实践的秘密

出版发行	东南大学出版社
出 版 人	江建中
社　　址	南京市四牌楼 2 号
邮　　编	210096
网　　址	http://www.seupress.com
经　　销	全国各地新华书店
印　　刷	江苏凤凰扬州鑫华印刷有限公司
开　　本	787 mm×1092 mm　1/16
印　　张	11
字　　数	320 千字
版　　次	2018 年 11 月第 1 版
印　　次	2018 年 11 月第 1 次印刷
书　　号	ISBN 978-7-5641-8060-7
定　　价	54.80 元

* 本社图书若有印装质量问题,请直接与营销部联系,电话:025-83791830

丛书编委会

主 任：崔 伟(特级教师) 滕玉英(特级教师)
策 划：方红霞(特级教师) 方松飞(特级教师)
成 员：(以姓氏笔画为序)

王丽华　王洪安　卢大鹏　卢生茂　冯文俊
匡成萍　扬　帆　庄春晓　沈晶晶　陆建忠
陆海均　陈　蓉　茅云飞　姜栋强　徐　军
徐万顺　徐光永　程久康　蔡文海　缪启忠

主要作者简介

崔伟 特级教师

东南大学工学硕士,现任扬州中学教育集团树人学校党委副书记、副校长,江苏省初中物理特级教师,扬州大学硕士研究生导师,全国十佳科技辅导员、江苏省优秀青少年科技教育校长、扬州市青少年科技创新崔伟名师工作室总领衔。他是全国优秀教科研成果一等奖、江苏省基础教育教学成果二等奖获得者。主持江苏省教育科学规划重点课题2项,主持教育部规划课题子课题、国家自然科学基金委员会课题子课题各1项。发表论文25篇,其中11篇论文在北大版的核心期刊上发表或被人大复印资料中心《中学物理教与学》全文转载。

方松飞 特级教师

苏州大学物理系毕业,扬州中学教育集团树人学校教育督导,负责树人少科院工作。他是江苏省物理特级教师,全国教育科研先进个人,全国创新发明金牌教练,全国十佳科技教师,江苏省中小学教材审查委员会初中物理专家组成员。著有《构建课堂教学大磁场》《怎样使你早日成才》等教育专著3部,主编《新概念物理初中培优读本》《资源与学案》等教学辅导用书24种,有40多篇论文在《物理教学》等期刊上发表。

引言

让人才脱颖而出

当今世界,各国综合国力的竞争说到底是科技实力和创新人才的竞争,人才是创新驱动的核心要素。面对中国经济发展新常态,国务院于2016年印发了《国家创新驱动发展战略纲要》和《"十三五"国家科技创新规划》。纲要指出:创新是引领发展的第一动力,创新驱动是国家命运所系、世界大势所趋、发展形势所迫。落实纲要的关键是加快建设科技创新领军人才和高技能人才队伍。以学校教育而言,只有实施创新教育,才能立足于科技创新人才的早期培养,才能与国家创新驱动发展战略做到无缝对接。其核心是为了迎接信息时代的挑战,着重研究与解决在基础教育领域如何培养学生的创新意识、创新精神和创新能力的问题。

扬州中学教育集团树人学校正是在这样的背景下,于2009年创办了树人少科院,并以此为载体,对科技创新人才的早期培养进行了实践性探索:主持了扬州市规划课题"中学生科学素养和人文素养培养的研究"、教育部子课题"中学生创造力及其培养的研究"、江苏省重点课题"基于科技创新人才早期培养模式的实践研究"、国家自然科学基金子课题"教学环境对中学生创造力的影响研究"和江苏省"十三五"重点课题"中学生物理核心素养模型构建的校本化研究"。前3个课题已成功结题,其研究成果分别获扬州市"十二五"教育科研成果一等奖、江苏省基础教育教学成果二等奖和江苏省第四届教育科研成果三等奖。"青少年科技创新人才培养模式的创新探索"于2015年在北京师范大学举办的首届中国教育创新成果公益博览会上展示,后在北京大学举办的第十一届全国创新名校大会上交流,并获中国教育创新成果金奖。研究专著《让创新人才从树人少科院腾飞》于2016年获扬州市第二届基础教育教学成果一等奖,已入选扬州市首批教育文集并由广陵书社正式出版。还有《让创新人才在翻转课堂中脱颖而出》《科技创新人才培养策略的前瞻性研究》《科技创新人才早期培养的实践探索》《校本教研中的创新人才培养策略研究》等30多篇课题研究论文在期刊上发表。

其中19篇论文在北大版核心期刊《中学物理教学参考》《教学与管理》《教学月刊》《物理教师》上发表或被人大复印资料中心《中学物理教与学》全文转载。

科技创新人才的早期培养也结出了丰硕的成果,从2009年创办树人少科院至今,已有2 000多名学生在扬州市以上的各级各类组织的科技创新竞赛中获奖。其中有48人获全国的发明类金、银、铜奖,328人获全国一、二、三等奖,502人获江苏省一、二、三等奖。在上述的金奖或一等奖的得主中,有2人荣获用邓小平稿费做奖金的中国青少年科技创新奖;2人因科技创新成果显著而当选为全国少代会代表,出席全国的少先队代表大会,分别受到胡锦涛和习近平总书记的亲切接见。3人获江苏省人民政府青少年科技创新培源奖,4人成为全国十佳小院士,11人被评为江苏省青少年科技创新标兵,15人次获扬州市青少年科技创新市长奖,78人被评为中国少年科学院小院士,106项学生发明获国家专利证书。

为了将上述研究成果面向社会推广,让科技爱好者和中学生分享其中的成果,我们以曾获扬州市优秀校本课程的《走进科技乐园》为基础,编写了"科技创新人才成长与竞赛指导丛书"。

本丛书以树人少科院和东洲少科院部分学生的成长为案例,以读本的方式呈现,含《发明创造的秘密》《学生成才的秘密》《思维方法的秘密》《实验探究的秘密》《社会调查的秘密》《科技实践的秘密》六册。本丛书虽为中学生撰写,但也同样适用于小学生、大学生。衷心感谢树人学校党委书记、校长陆建军对树人少科院的倾心培育以及对本丛书编写工作的支持与鼓励。

愿你在丛书的陪伴下茁壮成长,在成才之路上脱颖而出。

导读

  本书按"科技活动、方案设计、成果展示"这三个板块,为你搭建一个科技实践的平台,供你在课外活动中参考和借鉴。

  科技活动是学生围绕某一活动主题,在课外开展的具有一定教育目的和科普意义的、集综合性和群体性于一体的实践活动。它在培养学生的创新思维、科学精神、动手实践和团队合作能力等方面发挥了积极的作用。

  第一章科技活动的秘密,从活动的主体是学生个人说起,活动内容就是为学生个体提供各级各类的科技创新活动。这些活动按班级→年级→校级→市级→省级→国家级这六个层级组织实施。本章按"个体活动、班级活动、年级活动、校级活动、市级活动、省级活动、国家级活动"这七节展开。从中实现个体的校内三级跳(班级→年级→校级)和校外三级跳(市级→省级→国家级)。

  第二章方案设计的秘密,从青少年科技创新大赛对科技实践活动板块的要求展开。科技实践活动的优劣取决于其方案的设计,它包括"活动背景、活动目标、活动开展的原则、活动计划、活动的研究方法、活动过程、收获与体会、评价与反思"等内容。本章按"活动要求、活动设计、教学方案、活动方案"这四节展开,从中彰显科技实践活动优秀方案的五个条件:①明确的选题目的。②完整的实施过程。③完整的活动内容。④确切的实施结果。⑤实际收获和体会。

  第三章实践成果的秘密,则是从树人学校少科院"小院士"课题组参加全国青少年科技创新大赛中荣获一、二等奖的五个科技实践实践活动方案。它们分别是:让废旧的瓶瓶罐罐"酷"起来,筑下与大院士同样的科学梦,"探寻扬州古运河"科技实践活动,"我与电子秤交朋友"科技实践活动,模拟调光灯的设计与制作实践。其中"让废旧的瓶瓶罐罐'酷'起来"还荣获全国十佳科技实践活动奖。

  在本书的编写过程中,方红霞、滕玉英等老师为本书的撰写提供了一线资料,编委会的部分教师也提供了有效资料与修改意见,在此特表感谢!

  本书的撰写还在探索和尝试,不当之处,敬请指教斧正,谢谢。

Contents 目录

引言　让人才脱颖而出 ……………………………………… I

　　导读 …………………………………………………………… Ⅲ

第一章　科技活动的秘密 ………………………………… 1

　第一节　个体活动 …………………………………………… 2

　第二节　班级活动 …………………………………………… 11

　第三节　年级活动 …………………………………………… 25

　第四节　校级活动 …………………………………………… 30

　第五节　市级活动 …………………………………………… 36

　第六节　省级活动 …………………………………………… 43

　第七节　国级活动 …………………………………………… 52

第二章　方案设计的秘密 ………………………………… 61

　第一节　活动要求 …………………………………………… 62

第二节　活动设计 ································ 78

第三节　教学方案 ································ 86

第四节　活动方案 ································ 93

第三章　实践成果的秘密 ························ 103

成果一　让废旧的瓶瓶罐罐"酷"起来 ··············· 103

成果二　筑下与大院士同样的科学梦 ················ 116

成果三　"探寻扬州古运河"科技实践活动 ··········· 124

成果四　"我与电子秤交朋友"科技实践活动 ········· 141

成果五　模拟调光灯的设计与制作实践 ·············· 156

自评记录表 ···································· 165

第一章 科技活动的秘密

"富强、民主、文明、和谐、美丽的社会主义现代化强国"是华夏儿女的追求和渴望。现代化强国的保证是综合国力,其核心是科技创新,关键是创新人才。人才源自学校教育,立足于创新成果,脱颖于科技活动。

科技活动是学生围绕某一活动主题,在课外开展的具有一定教育目的和科普意义的、集综合性和群体性于一体的实践活动。它在培养学生的创新思维、科学精神、动手实践和团队合作能力等方面发挥着积极的作用。

树人学校将"少科院"打造成科技创新人才早期培养的重要平台,其核心内容就是各级各类的科技创新活动;其活动的主体是学生个人,要求人人参与;其组织的群体按班级→年级→校级→市级→省级→国家级这六个层级提升,实现校内三级跳(班级→年级→校级)和校外三级跳(市级→省级→国家级);其活动的类型有评比类、竞赛类、展示类,可以说是色彩斑斓、精彩纷呈。

为了激励这两个三级跳,树人学校采取"学校建总院、年级建分院、班级建研究所"少科院自主管理的创新模式。实行总院抓拔尖提高,培养"小院士",由分管校长颁发小院士证书和徽章;分院抓校本培训,培养"小博士",由年级部主任颁发小博士证书和徽章;研究所抓组织管理,培养"小硕士",由班主任颁发小硕士证书和徽章(如图1-0-1所示)。

图 1-0-1

在这样的管理模式和激励机制下，一大批创新型早期人才被发现，有 2 000 多位学生的科技创新成果走出树人，走进扬州，走出江苏，走向全国。

第一节 个体活动

小故事

圆形光斑

阳光灿烂的一天上午，陈子珩同学兴高采烈地走在扬州淮海路的林荫大道上。他发现：茂密的梧桐树叶将淮海路遮盖得密密实实，阳光通过树叶之间的小孔在路面上形成了许多大小不等的圆形和非圆形的光斑，如图 1－1－1 所示。

图 1－1－1

那么这些圆形和非圆形的光斑是如何形成的呢？作为初一的学生，他还没有学过物理，于是就好奇地问"少科院"的老师。老师告诉他："圆形的光斑是太阳光通过树叶之间的小孔而形成的太阳的像。因为太阳是圆的，所以像也是圆的，这种现象称之为小孔成像。至于那些非圆形的光斑，显然不是太阳的像，而是梧桐树叶之间孔的形状。由于这些孔通常比较大，所以就不能小孔成像了，也就不是圆形的光斑了。"陈子珩同学听了老师的话后若有所思地说："这说明小孔成像是有条件的，那么其条件是什么呢？"于是他就开展了"小孔成像条件的实验探究"。

他先在一张硬纸板上刻上大小不等的小方孔，使其边长分别为 0.2、0.3、0.4、0.5、0.6、0.7、0.8（单位为 cm），然后把硬纸板上的小方孔对正太阳光，移动孔与地面之间的距离。在看到地面上有一个圆形的光斑时，用刻度尺测出孔与地面之间的距离 s_1（单位为 cm），如图 1－1－2 所示。

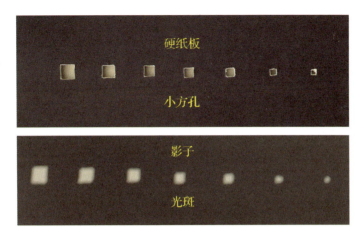

图 1-1-2

再用同样的方法测量并记录有 2 个、3 个、4 个、5 个、6 个圆形光斑时的距离 s_2、s_3、s_4、s_5、s_6，如表 1-1-1 所示。

表 1-1-1

小方孔的边长 a/cm	0.2	0.3	0.4	0.5	0.6	0.7	0.8
临界值 s/cm	16.1	36.3	64.2	100.6	144.3	196.2	256.4

分析表中数据可知，当小方孔的边长一定时，若插片到光屏的距离大于或等于某一个值(临界值)时，光斑是圆形的；而当插片到光屏的距离小于这个临界值时，光斑开始变成方形；当小方孔的边长增大时，小孔成像的临界值也将大幅度地增大。出现非圆形的光斑的原因是插片到光屏的距离小于临界值。这就有两个可能：一是由于小孔离地面太近造成的；二是由于小孔太大造成的。再将实验记录的数据作适当的修改，即将表中临界值的小数去掉，分别为 16、36、64、100、144、196 和 256(单位是 cm)，就可以找出小方孔的边长 a 与临界值 s 之间的数学关系：$s=400a^2$。

于是他就加深了对"小孔"内涵的理解，得出小孔成像的条件是：临界值 s 远大于小方孔的边长 a。所谓小孔，指的是孔的边长或直径远小于孔到光屏的距离(像距)。举个例子：若方孔的边长为 10 cm 时，这个孔应该不小了吧？如果该孔到光屏的距离大于 40 m 时，也能成太阳圆形的像，这个边长为 10 cm 的方孔也应该叫小孔。

该研究成果在中国少年科学院"小院士"课题研究成果展示与答辩活动中荣获一等奖，陈子珩同学也因此当选为中国少年科学院"小院士"，如图 1-1-3 所示。

图 1-1-3

点金石

问题研究

上述的小故事中,陈子珩同学的"小孔成像条件的实验探究"属于个体的科技活动,是学生参加青少年科技创新大赛的主要项目。基本上以个人为主,其活动的主要形式就是问题研究。

1. 问题来源

问题来自日常生活、社会热点,源于好奇或困惑,关键是要及时地发现和捕捉。如树荫路面上为什么有许多大小不等的圆形光斑?再如树干为什么是圆的?黄山松为什么长成如此形态?这类问题源于好奇心。河水中为什么水藻密布?街道、操场等地方大雨后为什么积水?类似这些问题就源于生活中的异常现象与困惑。墙壁表皮为什么脱落?臭豆腐是如何制作的,有哪些生产上的问题?这些问题就来自日常生活。古文物保护方面存在哪些问题?环境污染有哪些?类似这些问题来自社会热点。

2. 生活问题

上述问题基本上都来源于社会生活的观察或常识,通常称之为生活问题,表现为对观察结果的描述前加上一个"为什么"。这种问题还广泛存在于课堂教学情景中,如一位教师在《摩擦力》的教学中,创设了两个生活情景,如图1-1-4所示。图A是让学生做手抓泥鳅的实验,由于泥鳅太滑了,结果都抓不住。图B是学生一人单手抓瓶口,另一人单手抓瓶底,各自向外使劲拔啤酒瓶的比赛,结果是抓瓶口的那名学生胜。针对"抓不住泥鳅"和"抓瓶口的那只手胜"这两个结果,分别在其前面加一个"为什么",就成了"为什么直接用手抓不住泥鳅?""为什么抓瓶口的那只手胜?"两个简单问题。但是简单问题仅表达了对现象的好奇、无知或疑惑,缺乏确定性和深刻性,它对问题研究没有实质性意义,也难以成为科技活动的真正起点。

图 1-1-4

3. 科学问题

要使问题真正成为科技活动的起点,就需要将问题指向已有的知识,把两者联系起来，使问题从现象的描述触及现象的本质；将完全无知的问题转化为具有某种抽象性、渗透一定知识理论的、有所知又有所不知的问题——科学问题。例如，上述例子中，将"为什么直接用手抓不住泥鳅""为什么抓瓶口的那只手胜"这两个简单问题指向摩擦力、压力、接触面粗糙程度等相关的知识，并将它们联系起来，从而将问题转化为"摩擦力的大小与接触面的粗糙程度之间有何关系？""影响滑动摩擦力的因素有哪些？"等等，这就为研究"滑动摩擦力"提供了导向。由此也不难看出：科学问题才是科技活动的真正起点。

4. 课题选定

科学问题不是以常识眼光提出的无知问题，而是能为课题研究的设计提供导向的有所知的问题。它产生于以好奇、无知或疑惑为基础的进一步思索和追问，其实质是"有所知而求知"，由此确定课题。课题的题目通常是将上述的科学问题按如下格式来确定：×××对×××的影响（研究），×××在×××中的应用，×××的初步研究及应用，×××的探究（研究），×××的实验研究，×××的调查研究（报告），×××的分析与对策研究等。显然，上述的科学问题"影响滑动摩擦力的因素有哪些？"可变化为课题研究的题目：滑动摩擦力影响因素的实验探究。该题目直接表达了该课题研究的对象是滑动摩擦力，研究的内容是影响因素，研究的方法是实验探究。

5. 设计思路

摩擦力影响因素的实验研究是初中物理的重要内容，物理教师通常采用图 1-1-5 所示的实验装置来研究滑动摩擦力的影响因素。该装置作为定性研究是可行的，但作为定量探究还是相当

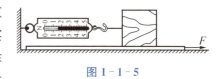

图 1-1-5

困难的。原因是：① 实验测得的摩擦力比较小，而弹簧测力计的分度值又比较大，导致测得的精度比较低；② 木板运动的距离比较长，长长的木板使实验装置显得庞大；③ 改变接触面的材料也不方便。

针对上述问题，"树人少科院"学生们用电子秤替代弹簧测力计，解决了测量的精度问题；用传送带替代长木板，解决了装置的庞大问题，用双面胶作为木块底面调换材料的中介物，解决了不同材料的连接问题。

6. 结构创新

程曼秋同学设计如图 1-1-6 所示的摩擦力测量仪来测量摩擦力的大小。其中的图 A 为原理图，图 B 为实物图。该测量仪由电子秤、压块、定滑轮、木块和传送装置等组成，如图 1-1-7 所示。

压块平放在电子秤的秤盘上,长方体木块的平面、侧面、立面及其能放置钩码的圆孔,可方便地改变受力面积;将不同个数的50 g钩码置于木块上表面的圆孔中,能方便地改变压力的大小;木块的底面用双面胶作为调换材料的中介物,可方便地将质量相同的镜面纸、硬板纸、塑料纸、棉纺布、水砂纸这五种材料与木块连接,以改变接触面的粗糙程度。

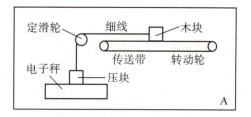

传送装置由摇柄、转轴、传送带等组成。该同学用自来水管及其接口制成了摇柄,用手摇动转轴使其转动,带动传送带在水平方向移动,与静止的木块发生相对滑动。木块与传送带之间的摩擦力通过定滑轮、压块,传递到电子秤,显示屏可直接显示出摩擦力的大小。

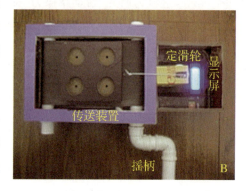

图 1-1-6

(1) **主要问题**:电子秤显示屏的示数不稳定。

(2) **原因分析**:① 电子秤的灵敏度太高,只要在操作过程中出现某个不稳定因素,都会导致电子秤显示屏示数的不稳定。② 可能是实物图中的定滑轮比较小,压块位于电子秤秤盘中央,离传送装置盒的距离比较大,定滑轮的安装设计采取悬臂式,安装时稳定性欠佳。在摇动摇柄使转轴转动时,定滑轮有摆动的现象。

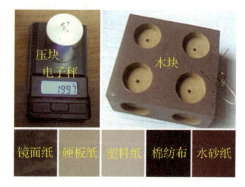

图 1-1-7

(3) **判断结论**:定滑轮的设计和安装有问题,需要改进。

7. 改进方案

(1) **改进一**:选较大的定滑轮,并用硬度大的钢片加工后将定滑轮固定在传送装置盒的侧面板上。为了使其牢固,传送装置盒改用了密实度高的木板加工而成,改进装置如图 1-1-8 所示。实验反映,效果明显改善,但电子秤显示屏的示数还是不够稳定。其原因可能是摇动摇柄时受力不均匀,使装置

图 1-1-8

震动,导致电子秤显示屏示数的不稳定。该同学决定用机动代替手动,进行二次改进。

(2) **改进二**:程曼秋用废旧的玩具电动车代替摇柄,变手动为电动。玩具电动车的内部经改进后的装置如图1-1-9所示。为使传送带平稳移动,采取了两个措施:一是在电动机转轴上装减速齿轮,减小传送带的速度;二是在小车轮子的轴上安装皮带传动装置,使主动轮与从动轮连成一体。然后在小车轮子上安装用布制成的传送带,如图1-1-10所示。用4节5号干电池作为电源、拨动开关与电动机连成简单电路。闭合开关,电动机转动,使传送带水平方向平动。经实验鉴定效果很好,电子秤显示屏的示数虽然还有比较小幅度的变化,但那是电子秤灵敏度太高导致的,读数时可取其中间值。由于是用玩具电动车改制而成,成功率比较高。但也带来了新的问题:虽然在电动机的转轴上装有减速齿轮,但传送装置的转速仍然太快,导致噪声太大;当增大压力时,玩具电动机的功率不足,导致转不起来。程曼秋决定更换功率大一些并有减速装置的小电动机。

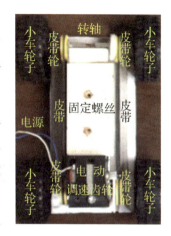

图 1-1-9

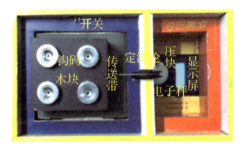

图 1-1-10

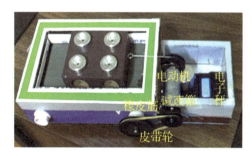

图 1-1-11

(3) **改进三**:程曼秋将图1-1-8中用自来水管及其接口制成的摇柄去掉,改装上邮购的大扭力减速电动机,如图1-1-11所示。两皮带轮采用实验室的滑轮,直径比为1∶2,用USB插口作为电动机的电源,电压为5 V,使转速控制在30 r/min,保证了传送装置的平稳运转。使用效果明显变好,但不足是当增大压力时,仍然出现功率不足的现象,即使增大电压来增大功率效果也不理想。其原因可能是自来水管制成的转轴在安装时不到位,或塑料的自来水管在转动时受到的阻力比较大。程曼秋决定更换带座的轴承来替代塑料水管制成的转轴。

(4) **改进四**：程曼秋将建筑工地用的直径为 10 mm 的钢筋加工成转轴，并在网上邮购与转轴相配套的带座轴承作为传动装置，如图 1-1-12 所示。该装置效果很好，基本达到设计要求。

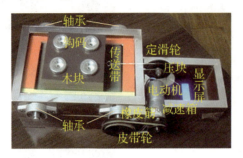

图 1-1-12

图 1-1-13

8. 仪器创新

程曼秋同学将上述改进过程进行总结，发现只要将电子秤、压块、定滑轮进行组合，就成为高精度的电子测力计。除了能进行摩擦力的系列实验外，还能进行或完成其他的某个或多个系列实验。它集测量、探究、验证等功能于一体，既能测质量和力的大小，也能测弹簧的劲度系数、动摩擦因素、机械效率；既能定量探究影响摩擦力或弹力、浮力等力学物理量的因素，又能探究杠杆、滑轮、斜面、皮带传动、齿轮传动等装置的特点。利用它还能验证胡克定律、摩擦定律和牛顿第二定律等重要的力学规律。她的这一创新成果"电子测力计的设计与应用"荣获江苏省青少年科技创新大赛一等奖，如图 1-1-13 所示。

展示台

实 验 探 究

程曼秋同学利用该创新成果进行了滑动摩擦力影响因素的实验探究。

1. 摩擦力与压力大小关系的探究

(1) 用电子秤分别测出木块、压块的质量 M、m_0，并记录在表 1-1-2 中。

(2) 使木块与传送带之间发生相对滑动，记下电子秤的示数。

表 1-1-2

实验序号	1	2	3	4	5
压块的质量 m_0/g	340	340	340	340	340
木块的质量 M/g	38	88	138	188	238
压力 F/N	0.38	0.88	1.38	1.88	2.38
电子秤示数 $f/10^{-2}$ N	21.3	36.6	57.3	78.2	99.0

(3) 在木块上表面分别加 1、2、3、4 个 50 g 砝码,并完成表 1-1-2 中其他空格的计算。

(4) 将表中压力与摩擦力的相关数据画成如图 1-1-14 所示图像。

(5) 由图中图像可得出结论:滑动摩擦力的大小与压力的大小成正比。

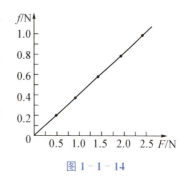

图 1-1-14

2. 摩擦力与接触面积关系的探究

(1) 用刻度尺测出长方体木块的长、宽、高和圆孔的直径,计算出该木块平面、侧面和立面的实际面积,填入表 1-1-3 相应的表格中。

(2) 在木块上放 2 个砝码,记下对传送带压力。

(3) 分别将木块平放、侧放和立放,摇动手柄,使木块与传送带之间发生相对滑动,分别记下电子秤的示数,并完成表 1-1-3 中其他空格的计算。

表 1-1-3

实验序号	1	2	3	4	5
压块的质量 m_0/g	340	340	340	340	340
接触面积 $S/10^{-4}$ m²	64.08	30.26	24.48	40.40	20.25
木块的质量 M/g	138	138	138	138	138
压力 F/N	1.38	1.38	1.38	1.38	1.38
电子秤示数 $f/10^{-2}$ N	57.3	57.3	57.3	57.3	57.3

(4) 分析表中的数据,可得出结论:滑动摩擦力的大小与接触面积无关。

3. 摩擦力与接触面粗糙程度关系的探究

(1) 在探究 2 实验 1 的基础上,用尼龙搭扣将木质垫子连接在木块的底面上,测量此时木块的总质量,然后将其放在传送带上,摇动手柄,记下电子秤此时的示数。

(2) 用同样的方法,将纸质的、细布的、粗布的、塑料的垫子连上,摇动手柄,使木块与传送带之间发生相对滑动,分别测出该时的电子秤的示数,并完成表1-1-4中其他空格的计算。

(3) 分析表中数据可知:滑动摩擦力的大小与接触面的粗糙程度有关,接触面越粗糙,滑动摩擦力越大。

表1-1-4

实验序号	1	2	3	4	5
压块的质量 m_0/g	340	340	340	340	340
木块的质量 M/g	143	143	143	143	143
接触面的材质	木面	纸面	布面	塑料面	水砂面
电子秤示数 $f/10^{-2}$ N	57.2	62.8	70.9	89.4	74.3

4. 摩擦力与相对滑动速度关系的探究

(1) 改变电动机转速,分别读出该时的电子秤的示数,并按前述方法完成表1-1-5。

表1-1-5

实验序号	1	2	3	4	5
压块的质量 m_0/g	340	340	340	340	340
木块的质量 M/g	138	138	138	138	138
电动机转速挡次	一	二	三	四	五
电子秤示数 $f/10^{-2}$ N	57.6	57.3	56.3	56.3	56.3

(2) 分析表中的数据可知:滑动摩擦力的大小与物体相对滑动的速度有关,其本质是相对滑动的速度改变了动摩擦因素,导致滑动摩擦力的大小发生变化。该动摩擦因素的大小随相对滑动速度的增大而减小,最后趋于一个定值。其函数图像如图1-1-15所示。

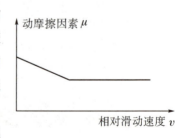

图1-1-15

综上所述,滑动摩擦力 f 的大小与压力 F 的大小成正比,可以用公式 $f=\mu F$ 来描述。其中的 μ 叫动摩擦因素。滑动摩擦力 f 是描述物体相对滑动时,接触表面阻碍物体滑动能力的一个物理量,它与接触表面的粗糙程度和滑动的相对速度有关。接触面越粗糙,其阻碍物体相对滑动的能力就越强,物体受到的滑动摩擦力就越大。它还随相对滑动速度的增大而减小,最后趋于一个定值。当相对速度为0时,μ 就是最大静摩擦系数。

演练场

小试牛刀

请你根据自己对上述"个体活动"的理解,结合问题研究的案例分析,以你最熟悉的生活现象为出发点,撰写一篇"我的科技活动"千字文,让你的父母给其作出"合格、优秀、点赞"的评价,并将评价等级记录在书末的"自评记录表"中,养成自我评价的好习惯。相信你的创新能力在坚持中会有一个质的飞跃。

第二节 班级活动

院士引领

2012年2月14日,集中国科学院与工程院这两院最高荣誉于一身的双料院士、著名建筑学与城市规划专家、清华大学建筑系主任、世界人居学会主席吴良镛,荣获2011年度国家最高科学技术奖,他与加速器物理学家谢家麟同获此殊荣。

喜讯传来,江苏省扬州中学教育集团树人学校的整个校园都沸腾了。同学们奔走相告,庆贺点赞。尤其是"树人少科院"吴良镛研究所(九龙湖校区8年级2班)的学生们,在得知扬州中学1940届校友吴良镛院士荣获国家最高科学技术奖的消息后,更是兴奋不已。他们纷纷走进扬州中学树人堂内的校史陈列馆,在吴良镛院士资料陈列照片及其在母校100周年时送给学校的三本著作前流连忘返。大家都为吴良镛院士的科学精神和科学成果所折服,纷纷表示:要以吴良镛院士为榜样,种下与大院士同样的科学梦,积极参加"树人少科院"组织的科技创新活动。他们开展了学习吴良镛院士的纪念活动,如图1-2-1所示。在当年各级各类科技创新成果展示活动中,该研究所推荐的10件作品分别荣获江苏省和全国的一、二等奖,如

图1-2-2所示。

图1-2-1　　　　　　　　　　图1-2-2

点金石

研究活动

  研究所是树人学校开展科技创新活动的基本组织。把研究所建在班级上,是"树人少科院"的一大特色。班级建研究所,主要负责对各课题组的项目申报、评比、校本课程学员的选送、研究成果的展示与推荐等。学生可自主选择扬州籍的大院士作为学习的榜样,并以此命名研究所。每个研究所设有正副所长各一人,班主任任指导员,科技教师任辅导员,聘请热心于科技创新活动的家长代表任顾问。研究所牌悬挂在教室门口的外墙上。吴良镛研究所的所牌如图1-2-3所示,大大激发了学生的科研热情。

图1-2-3

研究所所长职位由学生竞聘,并由分管校长颁发证书,如图1-2-4所示。研究所实行学生自我管理和所长负责制,并开展"小点子征集、小制作展示、小发明设计、小实验探究、小论文撰写"这五项活动。

图1-2-4

1. 小点子征集

围绕某一活动主题,以班级为单位,开展"小(金)点子"创意评比活动,是班级(研究所)最基本的科技创新活动。该活动要求班内学生人人参与,并填写"金点子"创意方案,如图1-2-5所示。按方案内容,评选出黄金问题、白金点子和钻石创意。

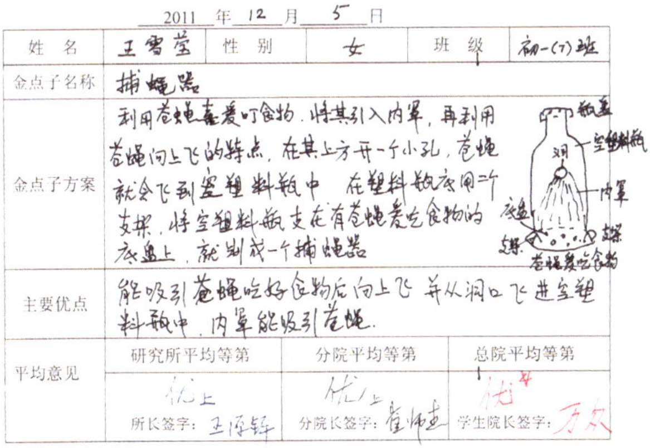

图1-2-5

（1）**黄金问题**：就是金点子创意方案中涉及的问题,或围绕科技活动的主题、社会现象,或是在报纸杂志上碰到的值得思考的问题。如同学们将饮料瓶的处理问题进行思考,提升为：怎样解决饮料瓶乱丢的问题？这个问题就成了树人学校2011年科技节以"低碳生活、绿色出行"为主题的黄金问题。

(2)白金点子:对黄金问题进行讨论,形成共识,提出解决方案。如上述饮料瓶乱丢的问题,同学们提出了许多解决方案。其中有许多同学提出变废为宝,利用饮料瓶美化生活的点子。而且将饮料瓶拓展,瓶瓶罐罐这些都属于饮料瓶系列。这个点子比黄金更珍贵,就称之为白金点子。该点子后来就成了"树人少科院"小院士课题组的"让废旧的瓶瓶罐罐'酷'起来"科技实践活动,还荣获全国青少年科技创新大赛一等奖,如图1-2-6所示。

图 1-2-6　　　　　　　　　　图 1-2-7

　　(3)钻石创意:钻石创意是对白金点子的具体方案进行可行性论证,加以完善,形成科学创意。并在小组内交流评价完善,成为小组共同的方案。如有些学生提出利用饮料瓶制成水火箭,并邀请少科院老师围绕水火箭的制作和发射作专题讲座。在此基础上开展水火箭发射活动,看谁制作的水火箭发得高、射得远。该创意后来就发展成课题研究"怎样使水火箭射得更远"的实验探究,还荣获江苏省青少年科技创新大赛二等奖,如图1-2-7所示。

2. 小制作展示

　　小制作是介于小点子与小发明之间的中间环节,是提高学生技术素养和动手能力的过程。小制作是学生在开展科技活动中最能获得成功体验的一项活动,因此小制作成果展示评比活动中学生参与的积极性普遍很高。在"让废旧的瓶瓶罐罐'酷'起来"的科技活动中,同学们变废为宝,举办了低碳工艺作品展,如图1-2-8所示。

第一章 科技活动的秘密

图 1-2-8

3. 小发明设计

在小制作的基础上,将富有创意的作品进行提升,成为小发明,就可以申报发明专利。树人学校各研究所先让学生设计小发明方案,再进行制作,如图 1-2-9 所示。

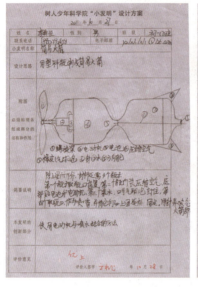
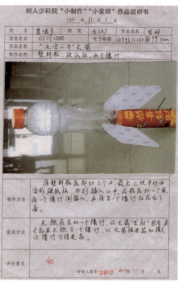

图 1-2-9

例如,孙欣然同学利用废旧的塑料瓶、易拉罐、塑料带泵嘴吸管(和塑料瓶口最好对起来)、一小袋牙膏、一些彩纸制作了"懒人洗漱一体瓶"。如图 1-2-10 所示。

图 1-2-10

(1) **设计制作**:① 把塑料瓶沿着大小分界点处剪开,把易拉罐顶口剪掉。② 把牙膏吸压进管子里,并用彩纸把两个瓶子都包起来。③ 把两个瓶子粘起来,如图 1-2-11 所示。④ 使用发现,携带不太方便,所以进行了第二次和第三次设想。⑤ 根据第三次设想,她选用了八宝粥的罐子,并用无毒防水的纺织颜料上色给牙膏稀释,带泵嘴的吸压器贴近罐口并平行,减小了体积,便于携带。⑥ 完成作品"懒人洗漱一体瓶",如图1-2-11所示。

图1-2-11

（2）**创新特点**：① 挤出的牙膏较细腻,比放进去前更稀一些,刷起来泡沫也更多一些,如图1-2-12所示。② 方便携带,可以轻松放入口袋(校服口袋)。③ 不光是旅行,在家里也可以用到。

图1-2-12

该小发明荣获中国少年科学院"小院士"课题研究成果展示答辩一等奖,孙欣然同学也因此获"中国少年科学院小院士"的殊荣,如图1-2-13所示。

图1-2-13

4. 小实验探究

小实验不仅能很好地培养你的动手动脑的能力，还能让你知道一些基本科学原理和运行规律。用日常生活用品或自行设计的小发明进行小实验则是班级开展科技活动的重要内容。而配合物理教材上的内容，开展系列小实验更为学生所喜欢。

比如，用啤酒瓶来做“探究影响声音特征（响度、音调、有色）”的系列小实验，如图 1－2－14 所示。

树人少科院“小实验”设计报告书

2011年11月20日

姓名	[illegible]	班级	初一(2)班	实验学科	物理
联系电话	15952705480	电子邮箱	[illegible]23@126.com		
实验名称	探究影响音调的因素				
实验材料	啤酒瓶×8，筷子×8，水若干				
实验装置制作	这个实验不需要复杂的装置，只需要8个去广告的、厚度相同的、形状大小完全一样的啤酒瓶，一根筷子和一些水就够了。				

实验装置照片

实验过程：首先我先将啤酒瓶儿在桌上摆成一排。接着，我先将第一个平内装大约十五分之一的水，把嘴贴到瓶口上轻轻吹了吹，吹出了高音mi，我又加了少许水，吹出了C调do，第一个瓶子就调好了。然后我又拿起最后一个瓶子，装了五分之四左右的水，吹出了D调so，我只好倒掉一些水，吹出了D调升do，我便在倒掉一丁点水终于吹出了D调do。有了第一个瓶子和最后一个瓶子，剩下的就简单多了。我按照酒瓶高度把他们的高度平均分成7份，从低到高，依次加一份，我一个一个吹了一下，还真不错。

接着我又拿了一根筷子，轻轻地依次敲着瓶子的中部，他们发出清脆悦耳的高音do，re，mi，fa，so，la，si，do的声音。这次实验还算成功

实验记录：

瓶号	①	②	③	④	⑤	⑥	⑦	⑧
高度与瓶高比	1/10	1/5	3/10	2/5	1/2	3/5	7/10	4/5
吹音调(C调)	do	re	mi	fa	so	la	si	D调do
敲音调(G调)	X调do	si	la	so	fa	mi	re	do

评价意见：优

评价人签字 [illegible] 2011年10月28日

图 1－2－14

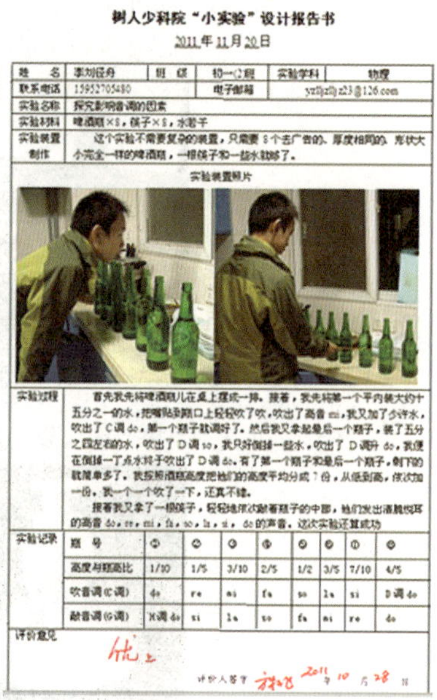

学生也可以利用乒乓球做下列探究实验：

（1）**乒乓球轻轻地落地弹得很高**。乒乓球是用一种叫“赛璐珞”的塑料制成的，其弹性很大，轻轻落地也弹得很高。

（2）**乒乓球越弹越低**。乒乓球在弹落过程中受阻力作用，撞击地面的作用力越来越小，弹起的高度就越来越小，最终会停止反弹。

（3）**瘪下去的乒乓球在热水中变圆**。用手将乒乓球摁瘪，如图 1－2－15 图 A 所示；接着把球放在杯中，倒入热水，很快乒乓球就重新变圆了，如图 B 所示。这是由于乒乓球内的空气遇热膨胀所致，也证明了乒乓球内部并不是全真空。

（4）**乒乓球变“鸭蛋”**。将乒乓球部分压入水中，会看到如图 C 所示的“鸭蛋”。

（5）**落不下来的乒乓球**。将乒乓球放在电吹风的吹风口上方，吹出强烈的气流居然能托起乒乓球。小小乒乓球此时好像学会了“腾云驾雾”之术，在空中十分逍遥，如图 D 所示。

（6）**滚不下来的乒乓球**。将乒乓球放在一个斜坡上，水流落在乒乓球上，乒乓球居然没有滚下来，如图 E 所示。

图 1－2－15

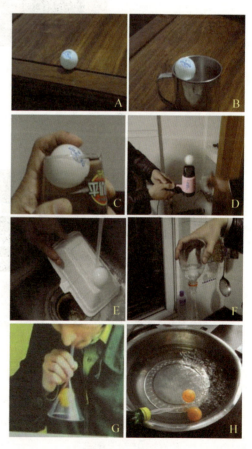

(7) **浮不起来的乒乓球**。将乒乓球放在倒置的去底饮料瓶口,在球上方加水,水中的乒乓球不会浮起,如图 F 所示。

(8) **吹不掉的乒乓球**。漏斗口朝下,将乒乓球置于瓶颈处,从上端吹气,球不会掉下,如图 G 所示。

(9) **分而不离的乒乓球**。当往浮在水中的两乒乓球之间喷水时,两乒乓球不仅不分开,反而彼此靠近,如图 H 所示。

5. 小论文撰写

小论文的撰写是小课题研究极其重要的组成部分。"树人少科院"对参加各级各类青少年科技创新大赛的学生,提出下列相对应的小论文格式要求。

(1) **题目的撰写**。① 准确性:恰如其分地反映研究的内容、范围和深度。② 简洁性:准确反映、清楚表达"最主要的特定内容"的前提下,题名字数越少越好,一般以不超过 20 个字为宜。③ 鲜明性:即要一目了然。

(2) **署名的撰写**。① 目的:署名既是对自己著作权拥有的声明,也是文责自负的承诺,更便于读者同作者的联系。② 内容:学生论文除了署名作者外,还应署名指导教师。③ 注意:署名要用真实姓名,不用笔名。多个作者共同署名,以贡献大小排列顺序。署名时,应标明作者的单位、指导教师的身份。

(3) **摘要的撰写**。① 撰写要求:用第三人称写,简短精练,具体明确,内容完整。一般以 200~400 字为宜。独立成段,即不应再分段落。② 写作内容:摘要为论文全文的浓缩,主要为研究的目的、方法、结果、结论等。③ 书写方法:摘要可以根据作者的意图有不同的写法,但都要反映论文的主要内容,即不阅读全文就能获得必要的信息。摘要具有独立性。

(4) **关键词撰写**。① 词的数量:一般选用 3~8 个,能反映论文的主要内容。② 遴选方法:通常从论文的题目中找,因为题目是论文的主题浓缩,最易找到。也可以从摘要中找,因为最重要的方法、结果、结论、关键数据都能在其中反映。还可以从论文的小标题中找,因为小标题能反映论文主题的层次。更可以从结论中找,因为结论中可找到在题目、摘要、小标题中漏选的较为重要的关键词。③ 书写方法:左空 2 格书写,冒号后面写关键词,关键词之间用分号隔开。

(5) **引言的撰写**。① 主要内容:A. 提出课题的现实情况和背景。B. 说明课题的性质、范畴及其重要性,突出研究的目的或者需要解决的问题。C. 前人研究成果及其评价。D. 达到研究目的的研究方法和实(试)验设备。② 写作要求:A. 开门见山,不落俗套。B. 言简义明,条理清晰。③ 字数一般控制在 400 字左右。④ 注意之处:A. 不能铺垫太远,绕了一个大圈子才进入主题。B. 不要介绍人们所共知的普通专业知识,或教科书上的材料。C. 不要推导基本公式。D. 不要对论文妄加评论,夸大论文的意义。

（6）**正文的撰写**。其水平标志着论文的学术水平或技术创新的程度，是论文的主体部分。总的要求是必须实事求是，客观真实，准确完备，合乎逻辑，层次分明，简练可读。① 理论性科技正文，要用理论分析或计算分析来证明论文观点的正确、研究过程完整、资料翔实、实践痕迹清楚、体验丰富可信，研究方法科学、进程安排合理。成果展示清晰，具有科学性和创造性。② 实验探究类正文，一般包括实验材料、方法、实验过程、实验结果及讨论等几部分。撰写时要注意实验原理的科学性，具备详细的实验步骤、必备的原始数据记录和相片资料。③ 调查研究类正文，一般包括调查方法、调查时间、调查对象样本抽取情况、调查内容与分析等几部分。撰写时要注意样本的选择代表性、数量足够大（200 以上）、数据分析的合理性，调查结果最好用图表形式表示。

（7）**致谢的撰写**。在研究过程中，或在论文撰写过程中，对自己直接提供过资金、设备、人力以及文献资料等支持和帮助的团体和个人，均应向其表示谢意。书写格式：在论文撰写过程中，得到×××老师的帮助和指导，谨致谢意。

（8）**参考文献的撰写**。① 著录原则：A. 最必要的文献。B. 著录公开发表过的文献。C. 规范的著录格式。② 编码格式：A. 采用顺序编码制时，对引用的文献，按它们在论文中出现的先后，将序号置于方括号内，如[1]，[2]，[3]。B. 一篇论文中多处引用时，在参考文献中只应出现一次，序号以第一次出现的为准，应将序号归并到一起集中列出，如：[1][5][8]。

展示台

论文范例

马铃薯在盐水中浮而复沉的原因探讨

树人少科院　方雨瑄

指导教师　崔　伟

摘要：本探讨围绕"马铃薯的浮而复沉"实验展开，从"提出问题、猜想假设、设计实验、收集数据、分析论证、得出结论、收获感想"这七个环节进行深入研究，得出马铃薯的浮而复沉的根本原因是马铃薯与盐水密度的大小关系，并从中明白了实验条件对实验结论的重要作用。

关键词：马铃薯；沉浮条件；原因探讨

引言：学习了物体浮沉的条件后，我做了用马铃薯在盐水中浮沉条件的实验，如

图1-2-16所示,意外地发现漂浮在盐水面上的马铃薯过了一段时间后竟然会自动地下沉。这一意外的发现引起了我探究其中奥秘的兴趣。

正文：

一、提出问题

图1-2-16

马铃薯在盐水中浮而复沉的原因是什么？

二、猜想假设

假设1：可能由于盐的沉淀，盐水的密度减小，导致马铃薯下沉。
假设2：可能是马铃薯在盐水中浸没几小时后质量变大，导致马铃薯下沉。
假设3：可能是马铃薯在盐水中浸泡几天后体积变小，导致马铃薯下沉。
假设4：可能是马铃薯的密度变大，盐水的密度变小，导致马铃薯下沉。

三、设计实验

1. 将马铃薯切成丝、大块和小块这三种形状，如图1-2-17所示。

图1-2-17

2. 分别用天平、量筒或量杯测出这三种形状马铃薯的质量和体积，如图1-2-18所示。

图1-2-18

3. 在三个玻璃杯中配置适量的盐水；将这三种形状的马铃薯投入盐水中，并使它们都在盐水中漂浮。

4. 过了半个小时后，有部分马铃薯丝下沉，如图1-2-19所示。

图1-2-19

图1-2-20

5. 再过半个小时后，马铃薯丝全部下沉，部分马铃薯小块下沉，如图1-2-20所示。

6. 再过40分钟后，小块的马铃薯全部下沉，如图1-2-21所示。

图1-2-21

图1-2-22

7. 再过2个小时后，大块的马铃薯下沉，如图1-2-22所示。

8. 再用搅拌棒搅拌盐水中的马铃薯丝或块，马铃薯始终沉入杯底。

9. 同时将三个玻璃杯中的马铃薯从盐水中捞出、擦干，再分别用天平和量筒或量杯测出其质量和体积。

四、收集数据

将实验数据记录在设计好的表1-2-1中。

表 1-2-1

马铃薯切成的形状	质量 m/g		体积 V/cm³	
	放入盐水前	放入盐水后	放入盐水前	放入盐水后
丝状	21.0	18.2	20.0	14.8
小块	23.2	18.7	22.1	15.3
大块	23.5	20.7	22.4	17.1

五、分析论证

1. 分析观察到的现象可知，用搅拌棒搅拌盐水中的马铃薯丝或块，马铃薯始终沉入杯底，说明马铃薯的下沉不是由于盐的沉淀使盐水的密度减小所致，所以假设 1 不正确。

2. 分析表中的数据可知，三种形状的马铃薯放入盐水前、后测量到马铃薯的质量变小，而假设 2 是马铃薯的质量变大，所以也不正确。

3. 放入盐水前、后测量到马铃薯的体积变小了，虽然与假设 3 中的体积变小一致，但由于质量、体积都减小，不足以说明马铃薯下沉的原因。

4. 再分别计算放入盐水前、后三种形状的马铃薯的密度，计算结果如表 1-2-2 所示，说明马铃薯的密度变大了（忽略水的蒸发）。马铃薯和盐水的总质量、总体积没有变，这两种物质的平均密度也就没有变。现在计算得到的马铃薯密度变大了，那么盐水的密度显然就变小了，这就是马铃薯下沉的根本原因。

表 1-2-2

马铃薯切成的形状	密度 ρ/g·cm^{-3}	
	放入盐水前	放入盐水后
丝状	1.05	1.23
小块	1.05	1.22
大块	1.05	1.21

5. 再分析观察到的现象和计算得到的密度表可知，丝状的马铃薯与盐水的接触面积大，就容易吸收盐，使其密度增大得快，所以先下沉。最后同时将它们从盐水中捞出时，丝状马铃薯吸收的盐多，密度也最大，小块马铃薯的次之，大块的马铃薯吸收的盐少，密度也就最小了，与计算的结果一致。

六、得出结论

实验刚开始时，由于马铃薯的密度小于盐水的密度，马铃薯就漂浮在盐水面上。

过了一段时间后,一方面马铃薯要从盐水中吸收密度大的盐(可以从"盐水中浸泡的马铃薯会变咸"这一事实证明),马铃薯本身会失去密度小的水,导致马铃薯的质量、体积都变小,但密度却变大;另一方面盐水中失去密度大的盐,吸收密度小的水,导致盐水的质量、体积都变大,但密度却变小。当马铃薯的密度大于盐水的密度时,马铃薯下沉就不足为怪了。

本探究的结论是:马铃薯下沉的原因是马铃薯的密度大于盐水的密度。

七、收获感想

通过本实验的研究,我深刻地认识到条件的重要性。在某些情况下,外界的环境条件改变了,就会引起结论的改变。

致谢:在本实验的探究和论文的撰写过程中,得到崔伟老师的帮助和指导,谨致谢意。

参考文献:[1] 刘炳升. 义务教育课程标准实验教科书物理8年级(下册). 江苏科学技术出版社,2012年版

图 1-2-23

该小论文荣获江苏省少年科学院科技创新奖评比一等奖,如图 1-2-23 所示。

演练场

小试牛刀

请你结合你所在班级开展的科技活动,撰写一篇"我班科技活动"千字文,让你的父母给其作出"合格、优秀、点赞"的评价,并将其记录在书末的"自评记录表"中。

第三节　年级活动

小故事

校本培训

挂彩灯、闹元宵是元宵节的传统活动。宫灯的设计与制作则是"树人少科院"开展科技活动的传统项目。该项目集科学、技术、工程、数学、艺术于一体，深受学生喜爱。

寒假刚过，学生返校后的首项科技活动就是"宫灯设计制作"校本培训，如图 1-3-1 所示。

图 1-3-1

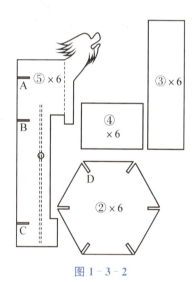

图 1-3-2

1. 设计

设计是制作出富有创新特色宫灯的第一步，展示的是学生的科学素养。宫灯结构包括骨架、连接件、固定件三部分，其外形呈六角形，视觉效果比较好，如图 1-3-2 所示设计图：①是宫灯的骨架，配有龙头。②是连接片，呈六角形。③和④是加固件，其中的③是宫灯的下窗片，④是宫灯的上窗片。

2. 下料

根据设计图进行下料是宫灯制作的关键,展示的是学生的技术素养、数学素养和艺术素养。

(1) **料片①**:选废旧的塑料泡沫或食品包装盒,用美工刀下料,共 6 片。再根据料片的厚度,按设计图中的 A、B、C 三个位置,用美工刀切割连接口。然后用装饰纸进行适当的美化,如图 1-3-3 所示。

(2) **料片②**:可选有一定硬度的食品包装纸盒的硬板纸,用美工刀下料,共 3 片,其边长与料片③的宽一致。再用美工刀在设计图中的 D 位置切割连接口。口的宽度与料片①中的 A、B、C 相对应,是连接用的接口。下料时接口必须做到密合,装配时才能牢固,如图 1-3-4 所示。

图 1-3-3

图 1-3-4

图 1-3-5

(3) **料片③**:可选色彩绚丽的吹塑纸或其他装饰材料。用美工刀下料,共 6 片。开成窗口,每个窗口配 1 幅图片。图片可以是山水画、花鸟图、人物画或其他吉祥图案,彩色打印在透明的硫酸纸上效果最好。然后用双面胶将图片黏合在窗片上,如图 1-3-5 所示。

(4) **料片④**:其下料方法及其要求与上述的料片③相同。经过装饰后的料片如图 1-3-6 所示。

图 1-3-6

3. 装配

先将料片①与②连接,注意连接时的牢固性。然后安装窗片③,再安装窗片④。安装窗片可以用双面胶将窗片牢固黏合在料片②上。安装时要注意整体性和对称性。装配过程展示的则是学生的工程素养。

4. 美化

在宫灯内部安装节能灯,在 6 个龙口处安装大红的梳头。在宫灯的底部再安装一个粗一些的大红梳头,如图 1-3-7 所示。

图 1-3-7

点金石

分院活动

以年级为单位开展校本培训是学校开展科技创新活动的前奏。上述小故事中宫灯设计制作的校本培训,就为学校开展"STEM"教育活动提供了现场背景。

树人学校年级部开展的科技活动通常以分院为平台,分院的主要职责是校院本培训和组织活动。分院名称由学生自主选择,其分院牌悬挂在年级部办公室外,如图1-3-8所示。

图1-3-8

分院通常会在校本培训的基础上,组织下列科技活动:

1. 科技超市

科技超市是"树人少科院"分院的学生将创新成果进行现场展示、答辩评价的特殊方式,如图1-3-9所示。图中有9名学生高举"树人少科院欢迎您!"标语牌,站在用2 000多张废旧报纸制成的纸桥上,做过人表演。

图1-3-9

2. 知识竞赛

"树人学校"科技知识竞赛的普及面很广,学生的参与率基本在 90% 以上。竞赛的内容除了传统的数学竞赛、物理竞赛、化学竞赛外,还有科技知识竞赛和金钥匙科技竞赛的初赛,如图 1-3-10 所示。

图 1-3-10

3. 演讲比赛

演讲比赛是科技节的内容之一,每年的演讲主题会有变化,如:科学让生活更美好、我的航天梦、低碳生活伴我成长、我为扬城作贡献、我的运河情、我的发明梦想等。图 1-3-11 是以"我的发明梦想"为主题的分院演讲比赛现场拍摄的照片。

图 1-3-11

4. 科技实践

每个寒暑假,年级部都要组织学生参加科技实践活动。学生们走进植物园、工厂车间、科技馆等，在各式各样的机器人、传感器、自动控制机前增长见识，如图1-3-12所示。

图1-3-12

展示台

现场答辩

2017年4月，"树人少科院"爱迪生分院在科技创新成果初赛的基础上，评选出10个作品入围决赛，其中工程类和探究类作品各5件。

决赛分"展板设计（在电子白板上展示）、作品介绍（选手围绕作品研究的背景、过程、结论以及创新点等四个内容进行表述）、互动答辩（评委代表和观摩学生代表分别围绕选手的表述，现场提出问题，选手当场解答）"这三个环节展开。选手们的精彩答辩获得评委老师和观摩学生的热烈掌声。图1-3-13为部分选手在决赛现场的照片。

图1-3-13

演练场

小试牛刀

请你结合你所在年级开展的科技活动,撰写一篇"年级科技活动有感"千字文,让你的父母给其作出"合格、优秀、点赞"的评价,并将其记录在书末的"自评记录表"中。

第四节 校级活动

小故事

揭牌仪式

2009年10月6号上午,树人学校举办了"树人少科院"揭牌仪式,这标志着我校在创新人才培养模式上的决心和信心。何祚庥院士和陆建军校长共同揭牌,如图1-4-1所示。之后,陆校长代表"树人少科院"分别为六位名誉院长和八位专家委员会成员颁发了聘书,如图1-4-2所示。

图1-4-1

图1-4-2

何祚庥院士、程顺和院士还为"树人少科院"4位首批"小院士"张辛梓、李沐、吕东宸、胡渊鸣颁发了徽章和证书，如图 1-4-3 所示。专家们寄语青少年多一点好奇心，将好奇心与正确的人生观相结合，就会转化为责任心，从而为社会作出更大的贡献。

揭牌仪式结束后，何祚庥院士为全体学生作了《做人、做事、做学问》的报告，介绍了他们那代人在动荡年代如何报效祖国的经历，深情的讲述深深地感染了每一位同学。

图 1-4-3

 点金石

展示平台

"树人少科院"以培养学生"自学、自理、自育、自评"能力为特色。"学校建总院拔尖提高、年级建分院校本培训、班级建研究所落实项目"的以班为基础的少科院三级管理模式，培养了学生以"科学、技术、工程、数学"为核心的知识素养，以"探究、设计、创新、实践"为核心的能力素养，并升华为以"理性思维、批判质疑和勇于探究"为核心的精神素养，组织和开展了下列创新活动。

1. 院校共建

树人学校紧紧抓住立项江苏省教育科学"十二五"规划重点课题"科技创新人才早期培养的实践研究"契机，开展院校共建活动，荣幸地成为全国第一个与中国少年科学院共建少科院的基层学校。正是依靠这个平台，树人学校在短短的七年中培养出 80 位中国少年科学院"小院士"。其中朱皓君等 4 位学生还荣获"全国十佳小院士"的荣誉称号，如图 1-4-4 所示。

图 1-4-4

2. 院士进校

树人学校充分利用扬州籍大院士的人文优势,邀请中国科学院和中国工程院的院士来校与学生面对面交流,讲述他们为科学梦而奋斗的励志故事、传奇经历和人生态度,如图1-4-5所示。其中的图A是我国著名数学家祁力群院士受邀来校与小院士们进行亲切交谈。图B是我国航天首席科学家龙乐豪院士受邀来校讲座。图C、D和E分别为程顺和院士、林群院士和陈渊鸿院士来校作讲座。

图1-4-5

3. 创造力大赛

树人学校首届创造力大赛于2016年3月20日开幕。不少学生在现场展示了自己的发明作品,进行操作演示并畅谈对创新成果的收获体会,受到参会嘉宾和家长的称赞,如图1-4-6所示。

图1-4-6

大赛精品区展示了已经荣获全国发明金奖或一等奖的发明作品,如图1-4-7所示。另外,还展示了"树人少科院"的创新成果,如图1-4-8所示。

图 1-4-7

图 1-4-8

4. 辩论比赛

2018年1月10日下午,由扬州广播电视总台和树人学校联合主办的树人学校第二届辩论赛总决赛在树人九龙湖校区成功举办。经历了数十场初赛、复赛和两大校区的决赛之后,九龙湖校区报告厅迎来了这场全校瞩目的巅峰对决。两支队伍分别代表了南门街校区和九龙湖校区初一年级学生的最高辩论水平,八位辩手的精彩表现让大家体验到了激情与智慧的碰撞。

本场比赛的辩题是"机智过人"和"机不如人"。双方辩手就这一话题展开了激烈的交锋,如图1-4-9所示。

比赛分立论陈词、攻辩、自由辩论及总结陈词等环节。辩论中,树人学校的同学们思维敏捷,伶牙俐齿,犀利幽

图 1-4-9

默,打动人心!

本场比赛还通过调频98.5扬州新闻广播以及扬帆手机频道进行了现场直播,听众和网友们也在场外展开进行了热烈互动。

展示台

代表大会

经过"树人少科院"三级管理模式的实践探索与经验积累,"树人少科院"于2011年4月成功地召开了第一次代表大会,大会的议程全由学生组织和主持,如图1-4-10所示。

图1-4-10

大会确定了"学校建总院、年级建分院、班级建研究所"这三级管理模式,实行总院抓拔尖提高、分院抓校本培训、研究所抓组织管理的学生自主管理体制。会上,5个分院院长和62个研究所所长上台接受总院长颁发的院牌和所牌,如图1-4-11所示。

图1-4-11

大会还对在中国少年科学院首次"小院士"课题研究成果展示与答辩中荣获中国少年科学院小院士称号的李沐、崔师杰、张世尧、秦芊芊、万众、陈子珩等六位小院士、预备小院士和荣获全国优秀科技教师称号的十位教师以及先进研究所所长进行了表彰,如图 1-4-12 所示。

图 1-4-12

"树人少科院"首任院长李沐同学在大会上作了题为《努力奋斗,开创树人少年科学院新局面》的工作报告。他总结了"树人少科院"创办两年来所取得的丰硕成果,并对 2011 年度少科院工作进行了部署,展示了学生的自我管理风采,如图 1-4-13 所示。

图 1-4-13

中国少年科学院小院士代表张世尧、分院院长代表刁逸君、研究所所长代表郭清妍分别围绕课题研究、分院管理和研究所建设表态发言,如图 1-4-14 所示。

图 1-4-14

演练场

小试牛刀

请你结合学校组织的科技活动，撰写一篇"我的发明梦想"千字文，让你的父母给其作出"合格、优秀、点赞"的评价，并将其记录在书末的"自评记录表"中。

第五节　市级活动

小故事

院长竞聘

2012年12月2日下午，扬州市少年科学院在扬州中学教育集团树人学九龙湖校区揭牌，标志着扬州市科技创新人才的早期培养工程正式启动，如图1-5-1所示。

图1-5-1

为建设世界名城，实现扬州梦、中国梦，培养创新创造预备队，扬州首届"九龙湾·润园杯"少年科学院小院士证书授予仪式于2013年4月26日在树人中学九龙湖校区召开，来自扬州大市各区县的科技少先队员代表、科技辅导员代表欢聚一堂。经过"资料初审""网络投票"和"现场答辩"三个环节，823名竞争者激烈角逐，评审出20位首

第一章　科技活动的秘密

届小院士。火控雷达专家贲德院士等嘉宾给他们授牌并合影留念,如图1-5-2所示。

大会还进行了扬州市少年科学院第一届小院长的竞选活动。贲德院士亲自担任评委,饱含老一辈科学家对祖国下一代的热情勉励和殷切期待。树人学校的范典同学从六位竞选人中脱颖而出,成功当选为扬州市首届小院长,如图1-5-3所示。其中图A为范典同学竞选演讲,图B为贲德院士当场提问范典同学,图C为贲德院士向范典颁发小院长聘书。

图1-5-2

图1-5-3

 点金石

科技竞赛

扬州市级的科技创新活动,主要有每年一次的金钥匙科技竞赛、青少年科技创新大赛和扬州市青少年科技创新市长奖评选。

1. 金钥匙科技竞赛

扬州市金钥匙科技竞赛是由扬州市教育局和科协联合举办并与江苏省金钥匙科技竞赛合于一体的规模较大的竞赛,分初赛和决赛两个层次。初赛由学校组织。决赛于每年9月份进行,决赛按笔试成绩的高低分别评定为江苏省特等奖、一等奖、二等奖,扬州市一等奖、二等奖、三等奖。我校从2009年开始参加金钥匙科技竞赛,初赛的参赛率都在90%以上,初赛总人数计20 641人。每年入围决赛的人数随初赛人数的增加而增加,具体数据如表1-5-1所示。

表 1-5-1 树人学校金钥匙科技竞赛获奖人数统计表

获奖时间	初赛人数	决赛数	省特等奖	省一等奖	省二等奖	市一等奖	市二等奖	市三等奖
2009.11	1 704	31	2	4	10	3	5	7
2010.11	2 148	39	3	6	14	4	7	5
2011.11	2 198	39	3	8	12	3	6	7
2012.11	2 271	40	3	8	13	4	5	7
2013.11	2 356	41	3	7	15	4	6	6
2014.11	2 435	42	3	6	13	4	8	8
2015.11	2 540	43	2	9	12	4	7	9
2016.11	2 468	44	4	12	16	3	6	4
2017.11	2 521	46	4	7	18	4	8	5
总计(人)	20 641	365	27	67	123	33	58	58

树人学校每年都荣获相关表彰,2015 年被评为金钥匙科技竞赛 20 周年"突出贡献单位",如图 1-5-4 所示。

图 1-5-4

2. 青少年科技创新大赛

扬州市青少年科技创新大赛于每年的 12 月份举行,由扬州市教育局和科协联合举办。学生科技创新成果分工程类、数学类、物理类、化学类、动物类、植物类、环境科学类、人文科学类等 13 类学科。树人学校从 2011 年开始参加扬州市青少年科技创新大赛,每年入围参赛的人数和一等奖的人数都在逐年提升。其中,共有 231 位学生的科技创新作品入围扬州市青少年科技创新大赛,其中荣获一等奖的学生达 90 人,如表 1-5-2 所示。

第一章 科技活动的秘密

表 1－5－2　树人学校参加扬州市青少年科技创新大赛获奖人数统计表

获奖时间	参赛人数	一等奖人数	二等奖人数	三等奖人数
2011.5	16	4	6	5
2012.5	28	10	8	9
2013.5	32	13	9	8
2014.5	35	14	10	9
2015.5	37	16	9	10
2016.5	41	17	12	10
2017.5	42	16	14	11
总计（人）	231	90	68	62

树人学校多次获扬州市青少年科技创新大赛"优秀组织单位"标号，如图 1－5－5 所示。

图 1－5－5

树人学校 2015 年 12 月参加扬州市青少年创新大赛作品目录如表 1－5－3 所示。

表 1－5－3　树人学校 2015 年 12 月参加扬州市青少年创新大赛作品目录

序号	作品名称	学科	作者	年级	辅导教师
1	怎样使水火箭射得更远的实验探究	物理学	丁恺睿、赵鹏程、王子航	初一	方松飞、卞加海
2	揭开九龙杯不可满杯的秘密	物理学	花章瑜	初一	管建祥、周燕
3	小孔成像的实验探究	物理学	常兆俊、周小智	初一	崔伟、葛旭
4	水果电池的实验探究	物理学	刘易承、马瑞珲	初二	顺静、程久康
5	小孔成像的条件探究	物理学	房昱辰	初二	沈文楼、崔伟
6	多功能能量转化仪	物理学	郑琳媛	初二	崔伟、方松飞
7	安培力定量探究仪的设计及其应用	物理学	韦子洵	高一	方松飞、方红霞
8	一种安置于岔路口安全行车智能提醒装置	工程学	路远	初一	方松飞、王洪安

续表

序号	作品名称	学科	作者	年级	辅导教师
9	光控智能台灯	工程学	朱浩君	初三	徐光永、方松飞
10	润扬大桥结构设计的验证性研究	工程学	刘子力、赵伟志	初一	方松飞、卞加海
11	下雨自动关窗装置	工程学	冷宏骏	初一	王洪安、徐保国
12	铝合金推拉窗防盗简易装置	工程学	王心驰	初一	方松飞、宗桂荣
13	电动汽车遮阳帘	工程学	肖天屹	初一	方松飞、徐斌
14	便携式手摇发电机	工程学	焦睿智	初一	方松飞、徐斌
15	无轮电动小车	工程学	陈文杰	初一	方松飞、范芳玺
16	防倒防烫环保纸杯托的设计	工程学	翁伟栋	初一	王淇安、刘昱
17	自动喷射清洁液可伸缩双面玻璃擦	工程学	孙畅	初一	方松飞、宗桂荣
18	球形色彩混合仪	工程学	张昕璨	初二	方松飞、徐万顺
19	我为扬城作贡献之节能减排模型的构建研究	环境科学	吴欣彤、蔡昊臣、张昕璨	初二	崔伟、方松飞
20	盐水发电的实验探究及其应用构想	化学	陆思杭	初一	王洪安、刘曼
21	扬州市大米营养元素分析及安全性评价	健康学	严振森	初一	王淇安、蔡曼婕
22	蚯蚓处理垃圾能力的实验研究	动物学	赵喆、苏子贤	初一	方松飞、范芳玺
23	关于扬州文化遗址保护的研究	行为科学	赵睿哲	初一	方松飞、卞加海
24	废纸利用与回收调查报告	行为科学	杭工雅、熊飞	初二	方松飞、陈中平
25	小水滴大智慧	社会科学	王孟之	初一	童敏娟、周燕
26	生活用水调查发明	行为科学	许亦峰	初二	崔伟、方松飞
27	由达·芬奇拱桥引发的探究与思考	行为科学	王一诺、陆逸凡、孔梓萱	初三	方松飞、崔伟
28	扬州工业遗产调查报告	行为科学	邱子昂	高一	王淇安、谢晓石
29	一种吉他拍锤	科学创意	周欣玥	初一	王淇安、陈维维
30	关于互联网＋扬州旅游e路通活动计划创意设计	科学创意	翁伟栋	初一	王淇安、刘曼
31	自动断电装置	科学创意	陈欣哲	初一	王淇安、刘曼
32	教室布局结构的创意设计	科学创意	陆逸凡	初一	方松飞、徐光永
33	"小乒乓大用场"科技教育方案	教育方案	崔伟	教师	

3. 扬州市青少年科技创新市长奖评选

扬州市青少年科技创新市长奖是由扬州市政府设立的，每年举办一次。每届的市长奖表彰 5 人，奖金 10 000 元/人；提名奖表彰 10 人，奖金 3 000 元/人；入围奖表彰 15 人，奖金 1 000 元/人。树人学校于 2012 年开始申报，至今共有 17 位学生荣获市长奖，见表 1-5-4。学校也连续 7 年荣获扬州市青少年科技创新市长奖"优秀组织单位"称号，如图 1-5-6 所示。

表 1-5-4

获奖时间	市长奖姓名及其人数	提名奖人数	入围奖人数
2012.2		0	2	6
2013.2	崔师杰、张世尧（初中作品高中获奖）	2	2	4
2014.2	车京殷	1	3	6
2015.2	张笑祺、沈湛、吴迪、车京殷	4	3	3
2016.2	韦康、戴苇航、申一民、路远	4	4	2
2017.2	路远、孔梓萱、冷宏骏	3	4	7
2018.2	张路、路远、金于楠	3	4	5
总计（人）		17	22	33

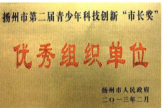

图 1-5-6

展示台

媒体报道

扬州市青少年科技创新市长奖的评选，吸引了扬州电视台、《扬州日报》等新闻媒体的广泛关注。"树人少科院"的小院士及其辅导教师经常成为新闻记者采访报道的重点对象。2015 年，在荣获第四届扬州青少年科技创新市长奖的 5 件作品中，树人学校就4件,见图1-5-7。《扬州日报》以整个版面介绍了市长奖作品,如图1-5-8所示。

图1-5-7

图1-5-8

演练场

小 试 牛 刀

请你结合树人学校市级科技活动的成果,撰写一篇"我的市级科技成果梦想"千字文,让你的父母给其作出"合格、优秀、点赞"的评价,并将其记录在书末的"自评记录表"中。

第六节 省级活动

小故事

省培源奖

2015年5月16日,江苏省人民政府青少年科技创新"培源奖"颁奖会在南京举行,树人学校初二(1)班韦康、戴苇杭、申一民三位学生获奖,证书如图1-6-1所示。

"培源奖"是江苏省人民政府于2013年设立的,是江苏省人民政府激励青少年科技创新人才脱颖而出的最高奖励,该奖励相当于青少年科技创新奖励中的省长奖,每年奖励三项,小学、初中、高中各一项。

2015年韦康、戴苇杭、申一民三位学生荣获的是初中项目奖励,项目名为"结构模型设计指标影响因素的实验探究",其展板如图1-6-2所示。

图1-6-1

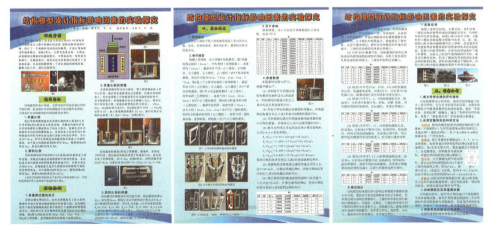

图1-6-2

点金石

活动项目

江苏省级的科技创新活动，主要有每年一次的江苏省青少年科技创新大赛、江苏省少年科学院科技创新奖评比、江苏省机器人竞赛、江苏省少年科学院小院士评选、江苏省电子百拼竞赛、江苏省青少年科技创新标兵评选、江苏省青少年发明家评选等。

1. 科技创新大赛

江苏省青少年科技创新大赛于每年的 4 月份举行，由江苏省教育厅和科协等 8 家单位联合举办。树人学校从 2011 年开始由扬州市推荐，出线参加江苏省青少年科技创新大赛，至今已有 147 位学生荣获大赛等级奖，其中一等奖的学生共 21 人，如表 1-6-1 所示。

表 1-6-1 树人学校参加江苏省青少年科技创新大赛获奖人数统计表

获奖时间	获奖人数	一等奖人数	二等奖人数	三等奖人数
2011.5	4	0	2	2
2012.5	10	2	6	2
2013.5	14	4	4	6
2014.5	15	4	6	5
2015.5	16	4	8	4
2016.5	21	1	9	11
2017.5	33	4	12	17
2018.5	34	2	19	13
总计（人）	147	21	66	60

江苏省青少年科技创新大赛实行现场决赛制度。树人学校 2017 年有 4 个项目荣获江苏省青少年科技创新大赛一等奖，学校成为江苏省十佳科技创新学校，获优秀组织奖，如图 1-6-3 所示。

树人学校 2017 年度获奖项目如表 1-6-2 所示。

图 1-6-3

表 1-6-2　树人学校 2017 年江苏省青少年科技创新大赛获奖项目统计表

序号	作品名称	作者	指导教师	获奖
1	纸飞机飞行性能的实验探究	郭怡然	李爱红、程久康	一等奖
2	气候变暖影响植物种子萌发吗？——以拟南芥种子为例	金于楠	王洪安、陈庚	一等奖
3	"我与电子秤交朋友"科技实践活动	树人少科院课题组	崔伟、方松飞	一等奖
4	紧急呼叫手机 APP 与云值守平台功能设计研究	史青宇	王丽华	一等奖
5	扬州鸟类变化与生态环境关系的调查研究	赵睿哲	方松飞、卞家海	二等奖
6	一种卫生间衣物收纳架	王嘉文	崔伟、郭寿进	二等奖
7	关于智能停车场的设计	朱书娴	王洪安、匡成萍	二等奖
8	汽车行驶中自动识别判断道路承载能力的智能控制系统	周小智	方松飞、万朝清	二等奖
9	从蜡烛熄灭先后看实验条件对结果的影响研究	包昕玥	崔伟、方松飞	二等奖
10	自行车电热骑行手套的研制	黄欣睿	高波、夏珠琳	二等奖
11	妙用厨房秤，创新显神通	曹书源、李金霖、赵琦	方松飞、徐万顺	二等奖
12	淮扬饮食文化认同与中学生营养素养状况分析	王子淇	陈琨、王洪安	二等奖

续表

序号	作品名称	作者	指导教师	获奖
13	光感自动窗帘	桑祖晨	邬建平、陈独祥	二等奖
14	关于"游戏＋家务 老人最适用扫地机"的改良建议	丁弈洲	徐保国	二等奖
15	一种雨天自动关窗,雨后自动开窗的装置	冷宏骏	王洪安、冯文俊	三等奖
16	七彩八卦磁力棋	陆逸凡	方松飞、范芳玺	三等奖
17	滑翔伞的实验探究	丁恺睿、王子航、张苏灿	方松飞、卞家海	三等奖
18	大型车辆安全行驶智能提醒系统	路远,韩晛	张洁、徐光永	三等奖
19	滑动摩擦力影响因素实验设计	王孟之	方松飞、周燕	三等奖
20	红外双控艺术台灯	戴馨怡	杨涵	三等奖
21	踏访扬州唐城遗址——扬州唐子城遗址调查	于文轩	顾静	三等奖
22	扬州老城区历史文化街区保护和利用课题研究	朱雨萱	王洪安、潘加建	三等奖
23	扬州宋夹城遗址公园成功转型体育公园的启示	赵杰灵	王洪安、赵明	三等奖
24	一种智能健康课桌	王心成、王子昂	王洪安、陈维维	三等奖
25	关于"互联网＋扬州旅游ｅ路通活动计划"的建议	翁伟栋	王洪安	三等奖
26	扬州评话受众结构调查	周吉扬	王洪安、刘曼	三等奖
27	太阳能自动关闭上水装置	姜天率	徐丽丽、许厚元	三等奖

2. 科技创新奖评比

科技创新奖评比是由江苏省少年儿童研究会少年科学院发展与建设专业委员会组织发现和培养创新型早期人才的活动,由共青团江苏省委、科协、少工委联合举办,与创新奖评选间隔进行,2015年开始评选名额分配到各大市。

"树人少科院"多年累计47人获一等奖,如表1-6-3所示。2014年树人学校参加江苏省少科院科技创新奖评比获奖作品目录如表1-6-4所示,江苏省少科院小院士和一等奖证书如图1-6-4所示。

表1-6-3　树人学校参加江苏省少年科学院科技创新奖评比获奖人数统计表

获奖时间	江苏省一等奖	江苏省二等奖	江苏省三等奖
2010.10	3	4	3
2011.12	11	13	8
2013.12	8	7	8
2014.12	18	16	17
2015.7	3	2	2
2016.7	2	2	2
2017.7	2	2	2
总计（人）	47	46	42

图1-6-4

表1-6-4　2014年树人学校参加江苏省少科院科技创新奖评比获奖作品目录

序号	姓名	班级	作品名称	辅导老师	获奖等级
一、创意发明					
1	高龙健	初三3	多功能电钻	王丽俐、方松飞	2
2	陈哲贤	初二2	牙刷储存器	祭红、江讯	3
3	沈嘉丰	初一7	清洁遥控车	方舒、王敏	3
4	刘承旭	初一14	组合式地震报警装置	秋绍东、方松飞	2
5	支节问	初一12	带放大刻度功能的量角器	成汝美、刘许晴	1
6	吴郭磊	初一11	自动浇花器	郑克秀、蔡琴	3
7	施尚洁	初一16	方形挂钩衣架	鲁霞、张在科	3

续表

序号	姓名	班级	作品名称	辅导老师	获奖等级
8	秦天承	初一3	多功能雨伞	周兰、纪银	1
9	萤啸岑	初一12	省心的乒乓球桌	成汝美、吴桂	3
10	李冰冰	初二10	俯卧撑辅助器	危敏、江迅	1
11	潘辰昕	初三13	组合式光电实验仪	方松飞、潘加健	1
12	孙雨萌	初三3	太极八卦智力机	崔伟、方松飞	1
13	朱士泽	初三12	不粘式厨刀	潘加健、缪启忠	1
14	包效诚	初二20	一种新型防溢电水壶	徐桂富、王丽华	2
15	徐昊飞	初二21	易拉罐为无线路由器增强 WiFi 信号	徐桂富、邢建平	2
二、科学探究					
1	花笑尘	初一7	荷叶的秘密	方舒、高波	2
2	徐崇越	初三1	教室光控节能器	徐光永、王丽华	1
3	孙哲捕	初二11	探究空心圆柱承重能力不同的因素	李巧巧、刘曼	1
4	陆思杭	初一2	盐水的力量	沈波、方松飞	2
5	王子骏	初一20	衣服去污方法的比较研究	张琳、顾克平	3
6	田家源	初二16	关于金鱼记忆能力的实验研究	方松飞、刘曼	1
7	邱子昂	初三14	从中国古建筑的抗震性	王洪友、汪成	3
8	缪可言	初一7	秸秆发酵物栽培阳台有机蔬菜的实验研究	方舒、江解缯	1
9	王硕	初二10	丝瓜相关特点的探究	危敏、江汛	3
10	杨饮惠	初一7	汤圆为什么会在煮熟后浮起来	缪启忠、方舒	3
11	沈湛	初三7	两步发酵式秸秆户用沼气池的实验研究	方松飞、王昧	1
12	孙欣然	初二15	冰化快慢影响因素的实验探究	刘曼、吴小洁	3
13	李雨杰	初一12	关于频率和意识的思考	方松飞、成汝英	2
14	陈子鸿	初二17	托翼机的改进研究	徐桂富、程久康	2
15	王四维	初二28	生活中的"摩擦"	王丽华、徐桂富	3
16	许源浩	初三21	扬州波浪路的成因及整治方法	徐桂富、杨伟	2
17	张以恒	初三28	催化剂影响过氧化氢反应速度研究	徐桂富、周兵	1
18	翁洋	初二17	对青少年心理健康问题的探讨	徐桂富、程久康	3
19	王君宝	初一21	社区养老与义工活动良性互动研究	徐桂富、许厚元	1
20	吴溯	初三22	包装盒与包装箱的对比研究	程久康、鲁伟	3
21	许灵雁	初三24	扬州佛文化初探	徐桂富、杨伟	3

续表

序号	姓名	班级	作品名称	辅导老师	获奖等级
22	宋腾丰	初三29	扬州餐饮的得与失	徐万顺、徐桂富	3
23	应怀原	初三25	扬州三把刀的历史和今天	徐桂富、徐万顺	3
三、社会调查					
1	王蔚沁	初二12	关于扬州空气质量的调查研究	曹莉莉、刘伟	1
2	帅易青	初一17	居民用水方式调查及其对策建议	潘军、吴悦	2
3	朱汪明	初一4	扬州跨江融合发展与宁镇扬一体化	于海霞、王俊	3
4	陈致远	初一9	扬州公共自行车租赁情况调查建议	顾克平、郎旭辉	2
5	李若思	初一16	响水的"四鳃鲈鱼"现状	鲁段、高波	3
6	车京殷	初二14	扬州古巷文化的调查与研究	高波、叶均	1
7	丁彦哲	初一16	校园周边流通环节食品安全监督	黄爱华、鲁段	3
8	朱肖陵	初一19	东关街继承与发展调查研究	陈红言、蔡亚芹	3
9	黄欣航	初三15	328国道扬子江南路交叉道口调查	潘金霞、徐桂富	1
10	顾轩轩	初三23	舌尖上的扬州调查报告之四之汤圆	徐桂富、马贯勇	3
11	马润民	初一21	扬州佛文化的调查报告	徐桂富、程久康	3
12	杨志鹏	初二19	扬州瘦西湖隧道调研报告	邢建平、徐桂富	2
13	杨志鹏	初二27	老红军刘应启精神发扬	徐桂富、陈蓉	3

3. 创新标兵评选

江苏省青少年科技创新标兵是江苏省教育厅和科协实施"青少年科技创新人才早期培养计划"的一个重大举措,从2012年度开始评选至2015年结束,每年评选100名。"树人少科院"已有11位小院士被评为江苏省青少年科技创新标兵,如表1-6-5所示,其代表性证书如图1-6-5所示。

表1-6-5 树人学校荣获江苏省青少年科技创新标兵人数统计表

年度	获奖时间	人数	姓名
2012	2013.3	2	崔师杰 刁逸君
2013	2013.12	3	施珉 沈宗奇 程曼秋
2014	2014.12	3	韦子洵 车京殷 吴迪
2015	2015.12	3	韦康 戴苇航 申一民

图1-6-5

4. 电子百拼竞赛

江苏省青少年电子百拼竞赛是江苏省教育厅批准的江苏省中小学生十大竞赛之一。树人学校从2014年开始组织学生参加该项竞赛,获奖情况如表1-6-6所示。

表1-6-6　树人学校参加江苏省青少年电子百拼竞赛获奖统计表

获奖时间	江苏省一等奖	江苏省二等奖	江苏省三等奖
2014.5	13	23	35
2015.12	11	22	52
2016.12	18	31	58
2017.12	15	33	48
总计(人)	57	109	193

树人学校自从参赛以来,已连续四年荣获团体一等奖,如图1-6-6所示。

图1-6-6

第一章　科技活动的秘密

展示台

决赛现场

　　树人学校荣获2014年江苏省青少年科技创新大赛一等奖的3位学生吴迪、张笑祺、韦子洵在决赛答辩现场的照片及其获奖证书，如图1-6-7所示。

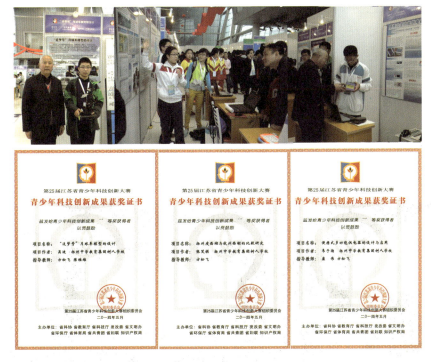

图1-6-7

演练场

小试牛刀

　　请你结合树人学校省级科技活动的成果，撰写一篇"我的省级科技成果梦想"千字文，让你的父母给其作出"合格、优秀、点赞"的评价，并将其记录在书末的"自评记录表"中。

第七节 国家级活动

小故事

颁奖典礼

　　2017年1月3日,第12届中国少年科学院"小院士"课题研究成果全国展示交流活动颁奖典礼在北京举行,树人学校九龙湖校区初二4班的包昕玥同学荣获"全国十佳小院士"荣誉称号。她是继李想、车京殷、朱皓君之后第四个获此殊荣的学生,也是该校第一个有机会在全国颁奖大会上发言并畅谈创新梦想的学生,如图1-7-1所示。其中的图A为包昕玥同学正在主席台上畅谈她的创新梦想,图B为颁奖典礼主席台,图C为她获得的"全国十佳小院士"奖杯。

图1-7-1

　　在该活动中,树人学校有19位学生的研究成果荣获一等奖,16位成为中国少年科学院"小院士",28位成为"预备小院士",3位成为"小研究员"。"十佳小院士"的指导教师崔伟副校长被评为"全国十佳科技辅导员",如图1-7-2所示。

图1-7-2

其中的图 A 为包昕玥与崔伟两人的师生合影,图 B 为十佳科技辅导员证书,图 C 为崔伟走上主席台领奖。

附:包昕玥同学在颁奖大会上的发言

尊敬的老师,同学们:

我来自古城扬州的树人学校,非常荣幸能获得"全国十佳小院士"并代表发言。在此,感谢我的指导老师对我的谆谆教诲,是您引领我走向科学的殿堂。特别感谢中国少年科学院为我提供了创造的舞台!在这里,我们可以尽情探索世界奥妙,质疑现有理论,畅谈奇思妙想。

创造是人类最重要、最根本的特征,创造活动是人类最具价值、最有意义的实践。过去人类依靠创造性劳动得以脱离猿群,今后也将依靠创造性劳动迈向美好未来。在科学探究的实践中,我深深体会到,我们要善于综合运用已有的知识、信息、技能和方法;敢于提出新方法、新观点;还要有进行发明创造、改革的意志、信心、勇气和智慧。发扬不怕困苦,甘于平凡,无惧单调,勇于开拓的科学精神,以及勤于思考、善于发现、勇于挑战的创新精神!

有人说:"环境太平凡了,不能创造。"平凡无过于一张白纸,而八大山人挥毫画它几笔,便成为一幅名贵的杰作;有人说:"生活太单调了,不能创造。"单调无过于坐监牢,但是就在监牢中,产生了《易经》之卦辞,产生了《正气歌》,产生了苏联的国歌,产生了《尼赫鲁自传》。可见平凡单调,只是懒惰者之遁词。我们就是要在平凡上造出不平凡;在单调上造出不单调。

有人说:"年纪太小,不能创造。"但是,让我们看看莫扎特、爱迪生,以及冲破父亲数学层层封锁的帕斯卡(Pascal),他们的伟大成就都归功于他们幼年时期的研究生活。有人说:"我是太无能了,不能创造。"但是鲁钝的曾参,传了孔子的道统;不识字的慧能,传了黄梅的教义。有人说:"山穷水尽,走投无路。"但是,粮水断绝、众叛亲离的哥伦布,毕竟发现了新大陆;冻饿病三重压迫下,莫扎特毕竟写了《安魂曲》。蚕吃桑叶,尚能吐丝,难道我们天天吃白米饭,便一无贡献吗?

哈佛大学第 24 任校长 Pusey 强调:"一个人是否具有创造力,是一流人才和三流人才的分水岭。"我国伟大的人民教育家、创造教育的先驱陶行知先生,身体力行,勇于实践,大力倡导创造力的发展。科学是引领社会发展的重要法宝,科学技术已经深深地影响着我们的日常生活,在经济社会发展中扮演着不可或缺的角色。可以说:处处是创造之地,天天是创造之时,人人是创造之人。让我们至少走两步退一步,向着创造之路迈进吧。在创造之路上,任何怯懦和退缩都会感到无地自容,只有迎着风浪奋起,只能踏着困难前进。

少年强,则国强! 同学们:行动起来! 让我们肩负起时代的使命,为中华民族立于世界强国之林,插上创新的翅膀,朝着既定的目标而努力奋斗!

最后,请允许我再次感谢中国少年科学院! 谢谢大家!

点金石

主要活动

国家级科技创新活动,主要有中国少年科学院"小院士"课题研究成果展示与答辩活动、全国青少年科技创新大赛、中国青少年创造力大赛、中国青少年科技创新奖评选、宋庆龄儿童发明奖评选、国际发明展览会发明奖评选、国际青少年创新设计大赛、世界教育机器人锦标赛等活动。

1. 中国少年科学院"小院士"评选

中国少年科学院"小院士"课题研究成果展示与答辩活动是由共青团中央少工委与中国少年科学院联合举办的全国性重大赛事,每年举行一次。"树人少科院"由于是与中国少科院共建的校级少科院,所以有机会由学校直接申报并参加"小院士"和"十佳小院士"的评选。"树人少科院"从2009年就开始组织学生参加该项活动,成果显著,如表1-7-1所示。

表1-7-1 树人学校参加中国少科院"小院士"课题研究成果展示活动获奖统计表

获奖时间	十佳小院士	小院士	全国一等奖	全国二等奖	全国三等奖
2009.5	0	2	只评选小院士,没有成果展示答辩与评奖		
2010.12	0	6	6	13	5
2011.12	0	10	10	14	21
2012.12	1	6	8	11	11
2013.12	1	12	15	20	2
2014.12	0	8	10	21	8
2015.12	1	18	21	14	12
2016.12	1	16	19	26	3
2017.12	0	12	16	19	4
总计(人)	4	90	105	138	66

学生参加该活动的相关照片和荣获的小院士证书,如图1-7-3所示。

图1-7-3

2. 全国青少年科技创新大赛

全国青少年科技创新大赛是由中国科协和教育部、科技部等单位联合举办的大赛,它是在各省大赛的基础上,将参赛名额分配到各省。江苏省每年的参赛名额为14件,其中小学3件、初中3件、高中8件。树人学校自2012年开始有作品参加全国决赛,获奖作品至今共11件,其中一项一等奖还获十佳,另一项一等奖还获专项奖,如表1-7-2所示。

表1-7-2 树人学校参加全国青少年科技创新大赛获奖统计表

获奖时间	全国一等奖	全国二等奖	全国三等奖
2012.8	1(十佳)	0	0
2013.8	0	1	1
2014.8	1(专项奖)	0	1
2015.8	0	1	1
2016.8	0	0	2
2017.8	0	1	1+1(优秀)
总计(人)	2	3	6

部分获奖证书和决赛现场所拍摄的照片,如图1-7-4所示。

图 1-7-4

3. 中国青少年科技创新奖评选

中国青少年科技创新奖是按照邓小平同志遗愿,经党中央批准,于 2004 年邓小平同志 100 周年诞辰之际设立,专门用于对科技创新方面取得突出成绩或显示较大潜力的青少年个人进行奖励,是中国青少年科技创新领域的最高荣誉。

"树人少科院"已有李沐和刁逸君二位小院士荣获中国青少年科技创新奖。李沐有 40 多项小发明、6 项国家专利,被江苏省少工委誉为新时期创新杰出少年,江苏省十佳少先队员,当选第六次全国少代会代表。刁逸君有 60 多项小发明、7 项国家专利,获江苏省青少年发明家荣誉称号。两人获奖证书与颁奖现场如图 1-7-5 所示。

图 1-7-5

4. 中国青少年创造力大赛

中国青少年创造力大赛是由教育部主管的智慧工程研究会、终南山创新奖基金会联合举办的公益活动,该赛事被誉为青少年发明世界杯大赛。"树人少科院"从 2015 年开始组织学生参加该活动,至今共获得 5 金、5 银、5 铜,如表 1-7-3 所示。

表 1-7-3 树人学校参加中国青少年创造力大赛获奖统计表

获奖时间	赛场地点	金奖	银奖	铜奖
2015.5	广州	1	1	0
2016.4	宁夏	1	1	3
2016.5	广州	1	2	2
2017.5	广州	2	1	0
总计(人)		5	5	5

其参赛现场如图 1-7-6 所示。获奖证书如图 1-7-7 所示。

图 1-7-6

图 1-7-7

5. 宋庆龄儿童发明奖评选

宋庆龄少年儿童发明奖是由宋庆龄基金会与中国发明协会、中国教育学会、全国少工委共同主办的评选活动。经国家科技部批准立项,属于国家级奖励。该活动每年举行一次。每届中小学共设立 15 个金奖、60 个银奖、180 个铜奖。

树人学校参加了连续四届的发明奖评选,取得 3 金 2 银 3 铜的好成绩,如表 1-7-4 所示。金奖作品分别为吴迪的《追梦号月球车的设计》、路远的《自动遮阳遮雨棚》、路远与孔梓萱的《大型车辆安全行驶智能提醒系统》,如图 1-7-8 所示。

图 1-7-8

表 1-7-4　树人学校参加宋庆龄儿童发明奖获奖统计表

获奖时间	赛场地点	金奖	银奖	铜奖
2014.8	广州第10届	1	1	1
2015.8	广州第11届	1	0	0
2016.8	贵州第12届	1	0	1
2017.8	北京第13届	0	1	1（创意奖）
总计（人）		3	2	3

6. 国际发明展览会发明奖评选

国际发明展览会由中国发明协会和世界发明协会共同举办，每2年举办一次。参展国家覆盖全球。"树人少科院"于2012年开始组织学生参展，至今取得了6金4银6铜的好成绩，如表1-7-5所示。

表 1-7-5　树人学校参加国际发明展览会发明奖统计表

获奖时间	金奖	银奖	铜奖
2012.11 第七届	1	0	1
2014.11 第八届	3	1	4
2016.11 第九届	2	3	1
总计（人）	6	4	6

6件金奖作品分别为崔师杰的《向心力探究仪》、孙雨萌的《太极八卦电路棋》、车京殷的《电动自行车安全温控防爆充电器》、高静洋的《主动式防扬尘、防超载全封闭渣土车》，肖天屹的《光电一体化实验仪》和冷宏骏的《下雨自动关窗装置》。其金奖证书和树人学校展览作品如图1-7-9所示。

第一章 科技活动的秘密

图 1-7-9

7. 世界教育机器人锦标赛

世界教育机器人锦标赛是一项针对 6～18 岁青少年的国际性机器人比赛,每年全球有超过 20 多个国家的 30 万名选手参加各级 WER 选拔赛,已经成为全球最有教育价值的教育机器人大赛。"树人少科院"从 2014 年开始组织学生参加该活动,获奖情况如表 1-7-6 所示。

表 1-7-6　树人学校参加世界教育机器人锦标赛获奖统计表

比赛时间	一等奖	二等奖	三等奖
2014.3	0	2	2
2015.3	14	4	2
2015.11	13	0	4
2017.9	18	2	10
总计(人)	45	8	18

部分一等奖的证书和学生们在比赛现场合影照片如图 1-7-10 所示。

图 1-7-10

8. 国际青少年创新设计大赛

国际青少年创新设计大赛委员会成员由诺贝尔奖获得者、院士、教授、专家等组成。大赛旨在培养青少年创新精神、合作精神、科技实践能力和人文素养。大赛将科学、技术、工程、数学、人文五大领域有机整合，注重人的全面发展。"树人少科院"从2014年开始组织学生参加该活动，累计有14位学生荣获中国区复赛一等奖。学校也连续两年荣获"优秀组织奖"和团体一等奖，如表1-7-7所示。

表1-7-7 树人学校参加国际青少年创新设计大赛获奖统计表

比赛时间	中国区复赛一等奖	中国区复赛二等奖	中国区复赛三等奖
2014.5	0	14	0
2015.5	7	7	0
2015.11	0	0	7
2016.5	7	7	0
总计（人）	14	28	7

学生的获奖证书和现场颁奖的照片如图1-7-11所示。

图1-7-11

小试牛刀

请你结合树人学校国家级科技活动的成果，撰写一篇"我的国家级科技成果梦想"千字文，让你的父母给其作出"合格、优秀、点赞"的评价，并将其记录在书末的"自评记录表"中。

第二章 方案设计的秘密

科技是国家创新之基,创新是民族进步之魂,实践是创新活动之本,科技实践则是学生成才之根。"少年智则国智,少年强则国强,少年富则国富。"

青少年科技实践活动是青少年以小组、班级或学校、校外教育机构等组织名义,围绕某一主题在课外活动、研究性学习或社会实践活动中开展的具有一定教育目的和科普意义的综合性、群体性、实践性活动。其活动学科分为"物质科学(MS)、生命科学(LS)、地球与空间科学(ES)、技术与设计(TD)、行为与社会科学(SO)和其他(OT)"六类。它是提高学生科学素养的重要途径,是国家提高科技竞争力的重要环节。

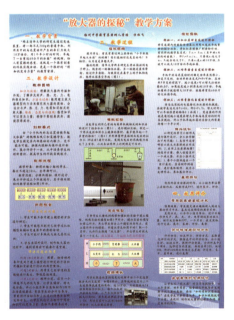

图 2-0-1

科技实践活动在培养学生的创新思维、科学精神、动手实践和团队合作能力等方面发挥了积极的作用。科技实践活动的优劣取决于其方案的设计,它包括"活动背景、活动目标、活动开展的原则、活动计划、活动的研究方法、活动过程、收获与体会、评价与反思"等内容。优秀的科技实践活动方案必须符合下列条件:① 明确的选题目的,② 完整的实施过程,③ 完整的活动内容,④ 确切的实施结果,⑤ 实际收获和体会。

科技实践活动也成了树人学校对外展示办学特色的品牌之一。自 2012 年开始,以"树人少科院"为组织单位,年年参加江苏省青少年科技创新大赛科技实践活动的成果展示。至今已有 6 年入围参加全国青少年科技创新大赛科技实践活动的成果展示,并荣获全国十佳科技实践活动奖、全国科技实践活动一、二、三等奖。获奖关键在于方案的设计,如图 2-0-1 所示。

第一节　活动要求

小故事

桥　城

　　2015年,恰逢扬州建城2 500周年纪念之年,作为扬州的莘莘学子,将以怎样的精神面貌和方式去迎接这个盛大的庆典呢?

　　扬州是一座因水而兴的城市。城内河流密布,湖泊众多,桥梁灿若星辰,享有"桥城"的美誉。而扬州城与扬州古运河同岁,古邗沟桥又与古运河同龄。至今存留完好的古邗沟桥墩石刻更是扬州建城2 500年的历史见证。如果以扬州桥为科技实践活动内容,让学生体验那深厚而独特的科学美、人文美、艺术美和创造美,并以此来庆祝扬州建城2 500周年,这对扬州学生而言,是件再好不过的事了。所以树人学校成立了少科院"桥城扬州"课题组,开展"美哉,扬州桥!"的科技实践活动。

　　该活动经历了近一年的"认识扬州桥、找寻扬州桥、品味扬州桥、绘制扬州桥、研究扬州桥"等活动过程,其活动成果在获得扬州市青少年科技创新大赛一等奖的基础上,又分别荣获江苏省科技实践活动一等奖和全国科技实践活动二等奖,其获奖证书如图2-1-1所示。

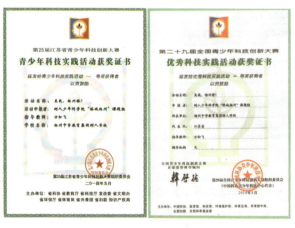

图2-1-1

点金石

活动四性

科技实践活动是青少年科技创新大赛中一项集体成果的展示活动,可从活动设计的"真实性、示范性、完整性、教育性"等方面来进行评价。

一、活动的真实性

活动的真实性主要体现在活动设计是否符合学生的认知水平、活动开展是否符合当地的客观条件、活动提供的材料是否真实这三个方面。

1. 符合学生的认知水平

(1) **从学生的认知特点看**:扬州是一座被水环绕、被水滋养、被水宠爱着的城市,因为有水,所以有桥。学生通过校本培训,认识扬州桥的特色、命名和结构,从中了解扬州桥的人文美。学生通过网上查询、书籍找寻、实地考察,对扬州桥进行分类比较,从中发现扬州桥的真实美。学生从诗词传说、经典特色中去品味扬州桥的迷人、动人和感人,从中感悟扬州桥的艺术美。学生通过奇思妙想绘桥、变废为宝制桥、巧用报纸造桥等系列活动,感受扬州桥的创造美。学生以"小院士"课题研究的形式对扬州桥的设计、建造进行实验探究、调查研究,从中升华扬州桥的科学美。学生以这些内容开展科技实践活动,符合其认知特点。

(2) **从活动目标的设计看**:该活动将认知目标设定为如下三个:① 知识目标。知道扬州桥的类型和特点、了解扬州桥的命名和结构、理解扬州桥美的内涵和外延。② 能力目标。通过认识和寻找扬州桥的活动,提高学生收集资料、整理归纳的能力,锻炼学生外出采访和与人交往的能力。③ 情感目标。在认识扬州桥的过程中了解人文美,在寻找扬州桥的过程中发现真实美,在品味扬州桥的过程中感悟艺术美,在绘制扬州桥的过程中感受创造美,在研究扬州桥的过程中升华科学美,从中提升学生"热爱扬州、奉献扬州"的情感。这三个知识目标完全符合初中学生的认知水平。

2. 符合当地的客观条件

(1) **从地方特色看**:扬州桥不仅是扬州的交通枢纽,也是扬州人引以为豪的艺术精品、建筑奇葩、文明纽带,更是融扬州的文化和文明于一体,是美与和谐的象征。以此为特色开展科技实践活动,张扬扬州桥梁文化,符合当地的客观条件,更能提升扬州

的城市品位。

(2) **从城庆节点看**：2015年是扬州建城2 500周年，扬州市政府在2014年就号召扬州市民开展"我为城庆作贡献"的群众性活动。在这样特殊的背景下，"树人少科院"的108位小硕士、小博士、小院士，组成"桥城扬州"课题组，开展"美哉，扬州桥！"的科技实践活动。从城庆的特殊节点看，是完全符合当地客观条件的。

3. 活动提供材料的真实性

(1) **附件提供的活动资料**：该活动为创新大赛组委会提供了248页的活动记录资料、132幅活动照片、2个活动视频，体现了该活动开展过程的真实性。此外，还成功地为江苏省基础教育工作会议提供了少科院科技活动现场展示。100多件用废旧材料制成的桥梁模型、27位学生手持获奖课题研究展示牌与参观的嘉宾进行互动，将学生的潜能与自信充分张扬。

(2) **附件提供的获奖证书**：《扬州亭桥的比较研究》获江苏省少年科学院"小发现杯"科技创新奖评选一等奖，江苏省青少年科技创新大赛二等奖，中国少年科学院小院士论文答辩一等奖。《扬州之"水、桥、巷、园"的研究》获江苏省少年科学院"小发现杯"科技创新奖评选一等奖。《过人纸桥的设计与制作》获江苏省青少年科技创新大赛二等奖。

(3) **附件提供的相关论文**：如《扬州桥梁的调查与实验研究》《扬州桥的特色研究》《扬州二十四桥的追根溯源》《扬州桥的分类与今古变迁》《迎恩桥的传说研究》《扬州古运河上的名桥研究》等25篇获奖论文。

二、活动的示范性

活动的示范性主要体现在是否具有鲜明的时代特征、体现当代科技发展的方向，是否围绕公众关注的热点问题，能为其他学校开展活动提供借鉴和参考经验。

1. 具有鲜明的时代特征

该活动源于扬州城庆2 500年，"我为城庆作贡献"的大背景具有鲜明的时代特征。

2. 体现科技的发展方向

《扬州桥梁的调查与实验研究》《扬州亭桥的比较研究》《扬州桥的分类与今古变迁》等学生论文，从古代的木桥（小红桥）、砖桥（小东门桥）、石桥（迎恩桥）到近代的钢筋混凝土桥（解放桥）、桁架桥（扬州大桥），再到现代的斜拉桥、悬索桥（润扬大桥是集斜拉桥、悬索桥于一体的刚柔并济的现代化大桥），从古代的板桥（春波桥）、拱桥（二十四桥）、梁桥（史公祠桥）到扬州新建跃进桥、广陵大桥、万福大桥等都体现了桥梁发展的方向。

3. 关注社会的热点问题

万福大桥的建成通车,是扬州人民献给城庆2 500年的一份厚礼。万福大桥及其周围的马可波罗花世界,如图2－1－2所示,已经成为扬州节假旅游者的首选景点,体现出该活动正关注着扬州社会的热点问题。

图2－1－2

三、活动的完整性

活动的完整性主要体现在活动计划的制订是否周密、活动的过程是否清晰、活动结果是否达到活动目标。

1. 活动计划周密

所谓活动计划周密,是指活动的时间、地点、参与对象、活动内容、活动准备等都要周密部署。

(1) **活动时间**:2013年7月～2014年7月,将近1年的时间。

(2) **活动地点**:校内活动室、校外有典型扬州桥的地方。

(3) **参与对象**:"树人少科院"获得小硕士、小博士、小院士称号的108名学生,其中初一48人,初二36人,初三24人。

(4) **活动内容**:① 认识扬州桥。② 找寻扬州桥。③ 品味扬州桥。④ 绘制扬州桥。⑤ 研究扬州桥。

(5) **活动准备**:① 建研究共同体:根据学生的爱好特长,以自愿结合为原则,以"认识桥""寻找桥""品味桥""绘制桥""研究桥"为目标,成立5个研究共同体。其中初一的2个共同体研究的重点在认识桥和寻找桥;初二的2个共同体研究的重点在品味桥和绘制桥;初三的1个共同体实际上经历了1年半的时间,研究的重点在课题研究,针对桥的结构及其模拟实验进行研究。② 进行校本培训:为了提高课题研究的深度和质量,我们利用每周星期五下午第四节校本课程时间,围绕识桥、寻桥、品桥、制桥、研桥等活动内容对5个研究共同体进行专题培训。

2. 活动过程清晰

根据计划中的活动内容和时间安排,部署科技实践活动的过程,通过"识桥、寻桥、品桥、制桥、研桥"这五个活动,其实践思路十分清晰。

(1) **认识扬州桥,了解人文美**:通过校本培训,让学生从"扬州桥的特点、命名、结构"中了解扬州桥的人文美。

(2) **寻找扬州桥,发现真实美**:让学生通过网上查询、书籍找寻和实地考察,抓取扬州桥的某些共同点进行分类，了解扬州桥的发展史。通过实地调查、考察、采访、拍照等活动，对典型的桥梁，从地理位置、建造年代、材料、结构、特色进行列表比较，从中发现扬州桥的真实美。

（3）**品味扬州桥，感悟艺术美**：品桥是寻桥的深入，让学生从杜牧的诗句中品出扬州二十四桥的迷人，从亭桥的发展比较中品出扬州桥的味道，从经典的莲花桥的欣赏中品出扬州桥的艺术，从中感悟扬州桥的艺术美。

（4）**绘制扬州桥，享受创造美**：在认识、寻找、品味了这么多扬州桥的同时，学生对桥梁设计大师的智慧很是赞叹。将这些赞叹转化为学生的行动，引导学生用自己的画笔来描绘扬州桥的未来，用美工刀来制作扬州桥的模型，甚至用柔软的纸造出能让多人通过的纸桥，从中享受创造美。

（5）**研究扬州桥，升华科学美**：在认识桥、寻找桥、品味桥、绘制桥的基础上来研究扬州桥，将活动引向深入。我们从实验探究、调查研究、撰写论文和成果展示这四个环节展开，从中升华科学美。

3. 活动结果达标

活动结果是否与设定的目标一致，是衡量科技实践活动成败的关键。该活动的结果基本上达到预设的目标，有 25 篇相关论文在课题研究成果展示评比中获奖，其中三项成果荣获江苏省青少年科技创新大赛一、二等奖。

（1）**知识目标**：知道扬州桥的类型，按材料分为砖桥、石桥、木桥、混凝土桥和钢桥，按结构分梁桥、拱桥、桁架桥、悬索桥和斜拉桥。明白扬州桥的显著特点是亭桥。了解扬州桥的命名方法和结构特点，理解扬州桥美的内涵和外延。

（2）**能力目标**：通过识桥和寻桥活动，提高学生收集资料、整理归纳的能力，锻炼学生外出采访和与人交往的能力。通过品味、绘制、研究扬州桥活动，提高学生的创新能力、想象能力、动手能力和综合实践能力。如学生为扬州的七河八岛设计了游览观光桥、未来空中桥、观光电梯桥。

（3）**情意目标**：在认识扬州桥的过程中了解人文美、在寻找扬州桥的过程中发现真实美、在品味扬州桥的过程中感悟艺术美、在绘制扬州桥的过程中感受创造美、在研究扬州桥的过程中升华科学美，从中提升学生"热爱扬州、奉献扬州"的情感。

四、活动的教育性

科技实践活动要符合教育规律，能够对参与的学生进行知识和技能的传授、能力和情感的培养、思想和道德的教育，有利于参与学生的全面发展和素质提高。

1. 提高了学生素养

认识和寻找扬州桥等实践活动，提高了学生的认知水平。桥是一种架空的人造通道，是经过放大的一条板凳。桥的基本功能是行人、过车、走马。而扬州桥的最大特点在于其人文美，注重给行人提供遮风避雨、挡住阳光的场所——在桥上设置亭或廊，供人休息、纳凉、观赏风景，还可以让人饮茶、就餐、住宿或从事买卖活动。而且每座扬州桥的名字都包含了美妙的传说或故事。活动还让学生比较全面地了解桥的结构、功能、建材等，领略了扬州丰富的桥文化，也提高了学生的文化素养。

2. 增强了学生能力

通过实地考察和调查，请教导游和有关园林专家，从地理位置、材料结构、建造年代、主要特色进行采访，设计调查记录表，实地拍摄相关照片等活动，增强了学生外出采访、搜集资料和与人交往的能力。尤其是通过品味和绘制扬州桥等活动，培养了学生的创新意识，提高了学生的想象能力、动手能力和实践能力。

3. 丰富了学生情感

学生从扬州桥的研究中感悟出扬州的桥是一幅画，桥上有亭，亭下是桥，桥因亭而美，亭因桥而秀。人从桥上走，水在桥下流，桥桥能相望，桥桥善相连，"粉墙风动竹，水巷小桥通"。桥，使扬州这座水的城市更加灵动、更有风情。从设计的精妙、制作的精致、功能的多样、结构的和谐中丰富了学生热爱家乡、奉献扬州的情感。

展示台

实践过程

现以上述"美哉，扬州桥！"科技实践活动为例，对其实践过程进行展示。

活动一　认识扬州桥，了解人文美。

【设计意图】　通过校本培训，让学生从"扬州桥的特点——精致、扬州桥的命名——文化、扬州桥的结构——科学"中了解扬州桥的人文美。

1. 扬州桥的特点

桥是一种架空的人造通道，桥是经过放大的一条板凳。桥的基本功能是行人、过车、走马。扬州桥的最大特点在于其人文美，注重给行人提供遮风避雨、挡住阳光的场所——在桥上设置亭或廊，供人休息、纳凉、观赏风景，还可以让人饮茶、就餐、住宿，或从事买卖活动，如图 2-1-3A 所示。其人文美的体现就是扬州桥的精致，哪怕是桥的护栏设计也可谓古色古香、美轮美奂,如图 B 所示。

图 2-1-3

2. 扬州桥的命名

每座扬州桥的名字都包含了美妙的传说或故事,也无不体现其人文美。其中有以史实的记载来命名的,如"迎恩桥"是为乾隆南巡时各官商于桥前建迎恩亭迎銮而命名。有以值得纪念的人来命名的,如"志成桥"是为了纪念平民英雄张志成舍身救人。有以值得纪念的事件来命名,如"解放桥"和"渡江桥"是为了纪念扬州城解放和渡江战役胜利。也有以地方的名称来命名的,如廖家沟大桥、扬州大桥、润扬大桥。有以桥身的形状来命名的,如"柳叶桥"的形状犹如一片柳叶,见图 2-1-4A。还有以诗词经典来命名,如瘦西湖中新建的二十四桥,见图 2-1-4B。

图 2-1-4

3. 扬州桥的结构

桥通常由上(桥身和桥面)、下(桥墩、桥台和桥基)两个部分组成。按其结构分梁桥、拱桥、桁架桥、悬索桥和斜拉桥等,其力学模型如图 2-1-5 所示。

梁桥　　拱桥　　桁架桥　　斜拉桥　　悬索桥

图 2-1-5

人、车等通过桥梁时，桥面会弯曲，如图2-1-6A所示。如果桥面弯曲得太厉害就会发生危险。同样的材料、同样的厚度，桥梁的跨度越大，越易弯曲。为了防止桥面过分地弯曲，人们采取不同的方法来帮助桥面承担重量，用钢筋混凝土梁桥替代砖桥、石桥和木桥。斜拉桥就是一种防止梁式桥弯曲的方法，如图2-1-6B所示。这种方法使斜拉的绳索或钢索承受部分重量，以减少桥面的弯曲。润扬大桥的北段(北汊桥)就是典型的斜拉桥，其结构原理如图2-1-7A所示；润扬大桥的南段(南汊桥)是典型的悬索桥，结构原理如图2-1-7B所示。

图2-1-6

扬州的砖桥和石桥大部分是拱桥，是以承受轴向压力的拱为主要承重构件的桥。拱主要承受压力，拱的支座不但承受竖直方向的压力，还要承受水平方向的压力，因此拱桥对地基的要求较高。桥面在拱的上方叫上承式拱桥；桥面一部分在拱上方、一部分在拱下方的叫中承式拱桥；桥面在拱下方的叫下承式拱桥。其结构原理图和实际桥梁的照片如图2-1-8所示。

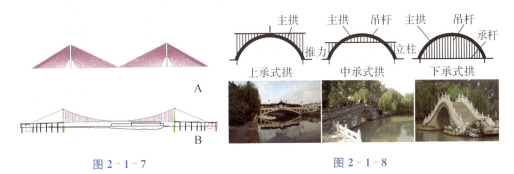

图2-1-7　　　　　　图2-1-8

活动二、寻找扬州桥，发现真实美。

【设计意图】　让学生通过网上查询、书籍找寻和实地考察，抓取扬州桥的共同点进行分类，了解扬州桥的发展史。通过实地调查、考察、采访、拍照等活动，对典型的桥梁，从地理位置、建造年代、材料、结构、特色进行列表比较，从中发现扬州桥的真实美。

1. **网上查询**

网上下载扬州典型桥的图片，抓取共同特点进行分类，如图2-1-9所示。

按桥的材料来分，可分为砖桥(如图2-1-9中的小东门桥、新桥)、石桥(如图中的大虹桥、迎恩桥)、木桥(如图中的瘦西湖的小木桥、台阶桥)、混凝土桥(如图中的天宁门桥、新北门桥)和钢桥(如图中的柳叶桥)。

按桥的结构来分，可分为梁桥(如图中的史公祠桥、九曲桥)、拱桥(如图中的廊桥、五亭桥)、桁架桥(如图中的扬州大桥)、悬索桥(如图中的润扬大桥南汊段)和斜拉桥(如图中的润扬大桥北汊段)。

图 2-1-9

2. 书籍找寻

让学生认真阅读我国著名桥梁专家茅以升的相关著作、邱正峰的《扬州名桥》，找寻历代的扬州名桥。如唐代的二十四桥、下马桥、小市桥、月明桥、扬子桥，宋元的开明桥、迎恩桥，明代的文津桥、凤凰桥、问月桥，清代的大虹桥、五亭桥、春波桥、公道桥，民国的万福桥、大荣桥，新中国成立初的解放桥、渡江桥，改革开放后建造的润扬大桥、通江门桥、廖家沟特大桥等。

3. 实地考察

课题组学生到扬州现有的比较典型的桥梁处进行实地调查，请教导游和园林专家，从地理位置、材料结构、建造年代、主要特色进行采访，调查记录如表 2-1-1 和表 2-1-2 所示。

第二章　方案设计的秘密

表 2-1-1　扬州典型桥梁按建材分类调查记载表

类　别	典型桥名	地理位置	结构	建造年代	特　色
砖　桥	北水关桥	跨小秦淮河	拱式	1955 年	单孔砖拱桥,1986 年扩建
石　桥	长春桥	瘦西湖内	拱式	清乾隆时	四桥烟雨景中之一桥
木　桥	小红桥	瘦西湖内	梁式	明代	扬州北郊 24 景之一
混凝土桥	春波桥	瘦西湖内	板式	1991 年	四桥烟雨景中之一桥
钢　桥	柳叶桥	横跨古运河	板式	2008 年	设计人性化,别出心裁

表 2-1-2　扬州典型桥梁按结构分类调查记载表

类　别	典型桥名	地理位置	结构	建造年代	特　色
梁　桥	解放桥	横跨古运河	混凝土	1951 年	扬州景观性、标志性建筑
拱　桥	二十四桥	瘦西湖内	混凝土	1987 年	通体洁白,曲线柔和
桁架桥	扬州大桥	京杭大运河	钢铁	1959 年	犹如上海外白渡桥
悬索桥	润扬大桥	横跨长江	钢铁	2004 年	世界第三特大跨径悬索桥
斜拉桥	北汊桥	润扬大桥北	钢铁	2004 年	是润扬大桥的一部分

实地所拍摄的相关照片,如图 2-1-10 所示。

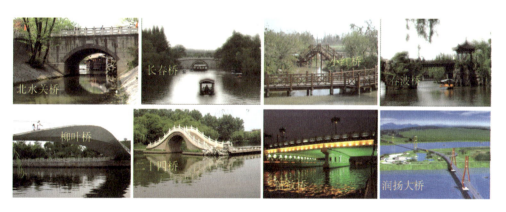

图 2-1-10

活动三、品味扬州桥,感悟艺术美。

【设计意图】　品桥是寻桥的深入,让学生从杜牧的诗句中品出扬州二十四桥的迷人,从对亭桥的变化与发展的比较中品出扬州桥的味道,从经典的莲花桥的欣赏中品出扬州桥的艺术,以此感悟扬州桥的艺术美。

1. 从诗词中品尝

扬州的二十四桥由于杜牧的《寄扬州韩绰判官》而闻名遐迩。杜牧也因为二十四桥使他的诗篇"青山隐隐水迢迢,秋尽江南草未凋。二十四桥明月夜,玉人何处教吹箫"成为千古绝唱。尤其是后两句简直成了扬州秀丽风景的一枚经典的徽章。事实上,很多人也正是从这两句诗出发,溯源而上,认识了二十四桥,继而认识了扬州。可是,在那些纷至沓来陶醉于二十四桥美妙景色的文人墨客中,又有谁能知道,杜牧这首诗为后人留下了一个悬疑千古的谜题:二十四桥所指为何?位居何处?由此让课题组的学生去品味,才有了小院士黄蔚海的获奖论文《扬州二十四桥的追根溯源》。

2. 从特色中品味

扬州的桥别具一格,桥上设置古色古香亭子是扬州桥的一大特色。桥上有亭,亭下是桥,桥因亭而美,亭因桥而秀。从一亭到六亭,如图 2-1-11 所示。

图 2-1-11

迎恩桥是具有皇家气息的"单亭桥",该桥虽小,但名气颇大。据《扬州览胜录》记载:乾隆南巡,临幸北郊,各官商于桥前建迎恩亭迎銮于此。渡江桥是铭师百万的"二亭桥",建于 2005 年,渡江桥采用了桥中设亭,两侧有廊,亭廊相通的设计。通江门桥是飞檐翘角的"三亭桥",位于古运河与二道沟交界处,是扬州首座集闸、桥、亭于一身的多功能景观桥。解放桥是庄重大方的"四亭桥",桥上四亭耸立,桥下绿树成行。它是扬州城第一座钢筋混凝土大桥。两端新的四座四角方亭古朴典雅。莲花桥是中国最美的"五亭桥",是扬州人引以为豪的城市标志性建筑,曾被桥梁专家茅以升誉为"中国最秀美的桥"。它是仿北京北海的五龙亭和十七孔桥而建的,形似莲花出水,融南方之秀和北方之雄于一体。廖家沟特大桥是扬州市政桥梁建设第一的"六亭桥",九跨双向六车道,全长 1 202 米,全宽 55 米。它由两幅"姊妹桥"组成,南北各一幅,中间预留 12 米空间作为未来的轨道空间。横跨在碧波上的九孔大桥气势宏伟,桥上分列六座古色古香仿古木亭。仿古木亭全部设计在桥身外,犹如"飘"在河面之上,每座高度为 10.05 米,足有 3 层楼房高,如图 2-1-12 所示。

图 2-1-12

3. 从经典中品美

五亭桥是扬州风景线的标志，如图 2-1-13 所示。它的美除了桥上有莲花般的五座亭子外，还在于其桥下具有北方建筑特色的厚实桥墩。桥亭秀，桥基雄，和谐地把南北方建筑艺术、园林设计和桥梁工程结合起来。桥下列四翼，正侧有十五个卷洞，彼此相通。中心桥孔最大，跨度为 7.13 米，呈大的半圆形，直贯东西。旁边十二桥孔布置在桥础三面，可通南北，亦呈小的半圆形。桥阶洞则为扇形，可通东西。正面望

图 2-1-13

去，连同倒影，形成五孔，大小不一，形状各殊，这样就在厚重的桥基上，安排了空灵的拱卷，在直线的拼缝转角中安置了曲线的桥洞，与桥亭自然就配置和谐了。每当十五月圆之夜，皓月当空，每洞各衔一月，15 个圆月倒悬水中，金波荡漾，众月争辉，泛舟穿插洞间别具情趣。正如清人黄惺庵赞道："扬州好，高跨五亭桥。面面清波涵月镜，头头空洞过云桡，夜听玉人箫。"也有人把桥基比做北方威武的勇士，而把桥亭比做南方秀美的少女，这是力与美的结合、壮与秀的和谐。

活动四、绘制扬州桥，享受创造美。

【设计意图】 在认识、寻找、品味了这么多扬州桥的同时，学生对桥梁设计大师的智慧很是赞叹。如何将这些赞叹转化为学生的行动呢？引导学生用自己的画笔来描绘扬州桥的未来，用美工刀来制作扬州桥的模型，甚至用柔软的纸造出能让多人通过的纸桥，并从中享受创造美。

1. 奇思妙想绘桥

地处扬州新城中心的七河八岛区域水质完好，湿地功能强大，是我国生态自然环境保持完好的湖泊、平原类型湿地景观之一，它是扬州正在开发的生态旅游的一块宝地，如图 2-1-14A 所示。这里河道有宽有窄，是发挥学生想象力，奇思妙想设计桥梁的最佳地方。于是我们让学生利用节假日去考察，为其设计游览观光桥、未来空中桥、观光电梯桥，如图 B 所示。画面里设计了给人们生活带来美丽心情的彩虹桥，给人们出行提供便利的高空人行桥，还有运输货物的斜桥，给我们的未来增添了光彩。

A　　　　　　　　　　　　　B

图 2-1-14

2. 变废为宝制桥

在绘桥的基础上，我们组织学生用身边的废旧材料制作桥的模型，并进行评比展示，如图 2-1-15 所示。

3. 巧用报纸造桥

模型的制作只是对桥梁形状的再认识，而"纸桥过人"的实验才是从力学的角度，对桥梁结构的深度体验。用 2 000 多张废旧报纸制成纸桥，能同时让 9 个人站立并走过纸桥，如图 2-1-16 所示。

（1）设计制图：设计成三个拱形，如图 2-1-16A 所示。桥长 4.1 米，桥宽 0.54 米（《扬州晚报》的长度），桥高 0.37 米。

图 2-1-15

（2）构件制作：加工基本构件如图 B 所示，加工桥面板如图 C 所示，加工桥梁如图 D 所示，加工桥墩如图 E 所示，组装成桥如图 F 所示，装饰桥如图 G 所示。

（3）过人试验：在江苏省基础教育工作会议上，我校的"纸桥过

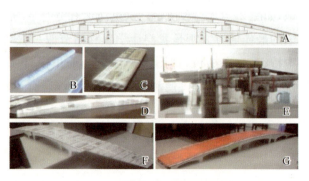

图 2-1-16

人"作品展示现场受到了与会领导和嘉宾的高度赞赏。

活动五、研究扬州桥,升华科学美。

【设计意图】 在识桥、寻桥、品桥、绘桥的基础上来研桥,能将活动引向深入。并从下列四个环节展开中升华科学美。

1. 实验探究

润扬大桥是扬州连接苏南的最具现代气息的跨江大桥,如图 2-1-17A 所示。长江内的一个小岛将长江分南、北两汊,桥也就设计成南汊悬索桥与北汊斜拉桥两段。

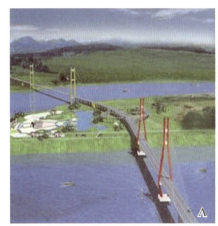

图 2-1-17

(1) 提出问题:为什么润扬大桥的南汊设计为悬索桥而北汊设计成斜拉桥?

(2) 猜想假设:根据南汊江面比北汊宽的地形特点,可能是悬索桥的承载能力要比斜拉桥大。

(3) 设计实验:先制作斜拉桥和悬索桥的模型,如图 2-1-17 中图 B、C 所示。然后进行模拟承载实验。

(4) 进行实验:① 将悬索桥和斜拉桥的模型放在水平桌面上;测量桥的跨度 L 和桥梁离模型底座的距离 h_0。② 用砝码代替重物,放在模型的中央,逐渐增大砝码的重量,分别记录桥梁此时离模型底座的距离 h_1。③ 计算模型下凹的程度:$\Delta h = h_0 - h_1$,其探究过程如图 2-1-18 所示。

图 2-1-18

(5) **收集数据**：将实验测得的数据记录在表 2-1-3 中。

表 2-1-3　桥梁承载能力模拟实验数据记录表

桥的类型	悬索桥			斜拉桥		
承载砝码的质量 m/g	20	50	100	20	50	100
模型桥的跨度 L/cm	33.5	33.5	33.5	33.5	33.5	33.5
桥梁离模型底座的距离 h_0/mm	22.5	22.5	22.5	19.1	19.1	19.1
加载后梁离底座的距离 h_1/mm	22.0	21.1	19.8	18.0	16.2	13.9
桥板下凹的深度 Δh/mm	0.5	1.4	2.7	1.1	2.9	5.2
桥的承载能力比较(/)	强			弱		

(6) **分析论证**：分析表中数据，比较两种桥梁的承载能力。在跨度和承载条件都相同的前提下，悬索桥面下凹的深度比斜拉桥要小。

(7) **得出结论**：悬索桥的承载能力比斜拉桥强。这也证明了润扬大桥横跨江面宽的南汊桥采用悬索桥、横跨江面略小的北汊桥采用斜拉桥的设计是十分合理的，也是完全科学的。

2. 调查研究

古代的桥，一般都用砖、石、木建成，由于受建桥材料的限制，所以跨度都比较小，而且大部分采用拱的方式。到了现代，由于预应力混凝土和高强度钢材的相继出现，扬州才有大跨度的解放桥、扬州大桥、润扬大桥。通过调查研究，各种建桥材料的性能比较如表 2-1-4 所示。通过分析可知，建桥材料的选择主要考虑以下几个因素：① 材料是否易得？② 成本多少？③ 防火及防腐蚀性如何？④ 加工是否容易？⑤ 是否坚固？⑥ 建造和维修是否方便？

表 2-1-4　建桥材料的性能比较表

材料	优点	缺点	适用桥梁
木	轻巧、易加工、成本低	强度小、易着火、防腐性差	小桥、古代桥
砖	易加工、易取材、成本低	强度小、笨重、易风化	拱桥、古代桥
石	就地取材、耐腐蚀、坚固	笨重、加工困难、成本高	拱桥、古代桥
混凝土	易加工、抗压性强、坚固	抗拉性弱、笨重	大型梁桥、近代
钢铁	易加工、抗拉性强、轻巧	抗压性弱、成本高	大跨度、现代

3. 撰写论文

课题组人员交流评估,总结提高并分工负责,撰写了下列获奖论文:

(1) 润扬大桥悬索桥和斜拉桥的模型制作与实验探究

(2) 扬州桥梁的调查与实验研究　　(3) 过人纸桥的设计与制作

(4) 美哉,五亭桥!　　(5) 扬州桥的特色研究

(6) 扬州二十四桥的追根溯源　　(7) 建桥材料的性能调查研究

(8) 扬州桥的分类与今古变迁　　(9) 扬州桥为什么有这些不同的设计

(10) 怎样选择建桥材料　　(11) 亭桥与廊桥的对比研究

(12) 扬州古桥的文献研究　　(13) 扬州桥的命名研究

4. 成果展示

《扬州桥梁的调查与实验研究》在中国少年科学院小院士课题研究论文答辩与展示中获全国一等奖,《过人纸桥的设计与制作》在江苏省青少年科技创新大赛中获二等奖。其他十多篇相关论文获扬州市或学校的科技创新奖。

演练场

小试牛刀

请你结合"点金石"中的"活动四性"要点,撰写一篇"我的饮料瓶创新活动设计"千字文,让你的父母给其作出"合格、优秀、点赞"的评价,并将其记录在书末的"自评记录表"中。

第二节　活动设计

小故事

中秋月明

扬州在古代就有月亮城的美名，瘦西湖又是全国"十大最美赏月地"，而2015年中秋的月亮又特别大，称之为超级月亮，好像是茫茫宇宙专门为扬州建城2 500年献上的一份厚礼。所以"树人少科院"设计并开展了以"月是扬州明"为主题的科技实践活动。该活动按中秋节前的吟月活动、中秋节日的赏月活动和中秋节后的研月活动这三个过程展开。其活动成果在获得扬州市青少年科技创新大赛一等奖的基础上入围参加了江苏省青少年科技创新大赛，获得二等奖，如图2-2-1所示。

图2-2-1

点金石

设计要点

科技实践活动的设计包括活动背景、活动目标、活动计划、活动过程和活动评价这五个部分。

一、活动背景

它是设计科技实践活动的依据和出发点，上述"小故事"提到的瘦西湖荣获全国"十大最美赏月地"美誉，就是开展"月是扬州明"科技实践活动的背景。

二、活动目标

它是评价科技实践活动成果的依据和落脚点,包括知识、能力、情感三部分。"月是扬州明"科技实践活动的活动目标是这样设计的:

1. 知识目标

(1) 了解描写扬州月亮的经典古诗、现代散文和流行歌曲。
(2) 知道扬州月饼的相关知识,了解扬州不少赏月好去处。
(3) 了解关于超级月亮和月亮阴晴圆缺的相关知识。

2. 能力目标

通过活动,提高学生的人文素养、科学素养、艺术素养、动手能力、表达能力、创新能力、应变能力。

3. 情感目标

培养学生孝敬父母、感恩社会的情感态度和价值观。

三、活动计划

它是开展科技实践活动的准备,包括活动的时间、内容、项目、参与对象、预设效果、目标等。"月是扬州明"科技实践活动的计划如表2-2-1所示。

表2-2-1 "月是扬州明"科技实践活动计划表

活动	时间	内容	项目	参与对象	预设效果	目标
吟月	中秋节前	吟诵月诗	作诗、吟诗、赛诗	文学院学生	感知扬州月的人文由来	培养人文素养
		吟读月文	参观、朗读、对话	文学院学生		
		吟唱月歌	演唱、演奏、歌舞	艺术院学生		
赏月	中秋当天	庭园赏月	品尝月饼推窗望月	家庭成员	感受扬州人的家国情怀	丰富情感思想
		景点赏月	全家选择景点赏月	家庭成员		
		校园赏月	月下漫步毓园赏月	文学社学生		
研月	中秋节后	城庆造月	城庆广场人造月亮	少科院学生	感悟扬州月的科学元素	提高科学素养
		桥洞映月	五亭桥下洞中映月	少科院学生		
		实验显月	六棱柱杯显示幻月	少科院学生		

四、活动过程

它是科技实践活动的核心内容,"月是扬州明"科技实践活动的具体过程见本节中

的"展示台"栏目。

五、活动评价

它是科技实践活动的目标体现,本着公平、公正、科学的原则,结合科技实践活动评价的思想与要求,注重激励评价和发展性评价,打破单一的量化评价形式,注重对学生个体和学生对本活动的双向评价。让学生在评价中自我提升。

"月是扬州明"科技实践活动的评价如下:

1. 对学生个体的评价

采取他评与自评相结合的方法,让教师对学生、学生对学生、学生对自己进行评价。主要评价该学生参与本次活动的态度,在活动中所获得的体验情况,实践的方法、技能的发挥情况,学生创新精神和实践活动能力的发展情况。经过综合评定,优秀率达 54.8%。

2. 学生对活动的评价

让学生从组织者的角度对活动的可行性、实用性、普及性、提高性、创新性、完整性、教育性等方面进行评价,充分体现学生在活动中的主体作用。

不少学生认为本活动围绕学生熟悉的中秋赏月,从节前、节日、节后这三个时间节点开展科技实践活动,具有可行性和实用性。

不少学生从普及与提高的辩证的角度进行评价,认为本活动的开展具有普及性。因为活动中的每个细节能充分顾及参与活动的所有学生,尤其是节日赏月围绕"庭园赏月、景点赏月、校园赏月"而展开,符合初中学生的理解深度和接纳程度,对相关知识的要求不高。另外,他们认为本活动的开展具有提高性,尤其是文学院的学生在节前围绕"吟诵月诗、吟读月文、吟唱月歌"的吟月活动以及少科院学生在节后围绕"城庆造月、桥洞映月、实验显月"的研月活动,既使活动逐步完整,又使本活动具有创新性、完整性和教育性。

展示台

实 践 过 程

"月是扬州明"科技实践活动的实践过程如下:

一、节前吟月活动

【设计意图】 吟月活动安排在中秋前,通过"吟诵月诗、吟读月文、吟唱月歌"这三个环节展开,让学生从活动中感知扬州月的人文由来。扬州之所以享有"月亮城"的美名,是受古典诗文歌赋所赐。

1. 吟诵月诗

2015年9月21日第8课,九龙湖校区的初一学生在报告厅认真聆听了朱步红老师以"月是扬州明"为主题的吟诗讲座,如图2-2-2所示。讲座激发了学生学诗、吟诗并尝试写诗的热情。讲座结束后,树人诗社的学生纷纷展开了想象的翅膀,作诗吟诗,创作了近百篇中秋吟月诗。月下天地宽,诗中乾坤大!

图 2-2-2

2015年9月24日中午,一场名为"千里共明月,中秋话团圆"的诗歌朗诵如约而至,如同一道精神盛宴吸引了九龙湖师生驻足观赏,如图2-2-3所示。

图 2-2-3

从张若虚的"春江花月夜"到李白的"烟花三月下扬州";从"天下三分明月夜,二分无赖是扬州"到"江畔何人初见月?江月何年初照人";从"二十四桥明月夜,玉人何处教吹箫"到"露从今夜白,月是故乡明";从"举杯邀明月,对影成三人"到"海上生明月,天涯共此时"……咏月寄情,使吟诗活动达到高潮。

9月26日晚,皓月当空,九龙湖校园充满了诗意,报告厅群星璀璨,"瘦西湖——扬州树人赛诗之夜暨2015国际诗人虹桥修禊闭幕式"活动隆重举行,来自全世界的国际知名诗人齐聚一堂,为树人学子带来诗歌的饕餮盛宴。赛诗会在树人学子的一曲葫芦丝中开场,由当代著名诗人杨炼和唐晓渡主持。各国诗人纷纷带着自己的作品上台展示,震撼了在场的每位学子,如图2-2-4所示。

图2-2-4

2. 吟读月文

9月23日,九龙湖校区初二年级学生参加了在扬州音乐厅举行的扬州市首届"朱自清读书节"启动仪式,并进行了经典美文的诵读表演。

"月光如流水一般,静静地泻在这一片叶子和花上。薄薄的青雾浮起在荷塘里。叶子和花仿佛在牛乳中洗过一样;又像笼着轻纱的梦……"这是同学们在深情地吟读朱自清的散文《荷塘月色》,如图2-2-5所示。

图2-2-5

3. 吟唱月歌

9月24日中午十二点,一曲古朴典雅的古筝曲目《春江花月夜》在校园上空飘扬,一股淡然悠远的桂枝花香随风飘舞。一场由校长室发起、学工处策划的,诗社和"雅韵青春"联合承办的配乐诗歌朗诵表演如期举行。

二、节日赏月活动

【设计意图】 赏月活动安排在中秋当天,通过"庭院品月、景点望月、校园赏月"这三个环节展开,让学生从活动中感受到扬州处处都是赏月的好景点。以此抒发家国情怀,丰富学生的思想情感。

(1)庭园赏月。有的是整个大家庭济济一堂,品尝月饼,赏花赏月,共享天伦之乐;有的是父子(女)或母女(子)同赏佳月,如图2-2-6所示。

图 2-2-6

庭中望月,球场望月,推窗望月,临湖望月,穿套汉服望月……香甜月饼,花好月圆,亲情无限,天涯共此时,如图 2-2-7 所示。

图 2-2-7

（2）**景点赏月**。"天下三分明月夜,二分无赖是扬州。"央视新闻公布了寻找"最美赏月地"票选结果,扬州瘦西湖入选"十大最美赏月地"。

不少学生去荷花池、保障湖、明月湖、蜀冈西峰生态公园,观赏荷塘月色。还有的桥上赏月、凭窗吟月、柳下看月、江边赏月、登山望月、郊外踏月。扬州的月景真是太美了,如图 2-2-8 所示。

图 2-2-8

（3）**校园赏月**。9 月 28 日晚,九龙湖校区初一文学社全体成员来到校园里的毓园赏月,享受了一场传统文化的大餐。首先,社员在庭中望月,吟诵苏轼的《水调歌头(明月几时有)》。接着,大家来到毓园的水边,诵明月之诗,体验水边赏月的感受。然后,文学社的学生变换角度,"钩玄亭"望月,石边望月,曲桥望月,观察不同时段、角度下的月亮。同时,同学们也体验了月下漫步、月下遐思的感受,如图 2-2-9 所示。

庭中咏月　　　　　　　水边望月　　　　　　　池畔咏月

| 月下漫步 | 风云遮月 | 石边邀月 |
| 曲桥看月 | 月下遐思 | 抬头望月 |

图 2-2-9

三、节后研月活动

【设计意图】 探月活动安排在中秋节后,通过"城庆造月、桥洞映月、实验探月"这三个环节展开,组织树人少年科学院的小院士们去扬州市民中心广场,探究人造月亮的设计灵感和科学原理;去五亭桥观察15个桥洞经瘦西湖面反射而成的月亮;利用月相视运动显示仪和三球仪进行实验探究月相和月食的形成原因。让学生从活动中感悟扬州月的科学元素,提高学生的科学素养。

(1) **城庆造月**。组织少科院学生去扬州市民中心广场,观看"月亮灯"组成的圆月"灯光秀",探究城庆造月的设计灵感:为什么设计成2 499盏月亮灯?为什么它们的大小不一?高低不同?该月亮灯的工作原理是什么?是用什么材料制成的?通过探究,使参与其中的学生明白:扬州建城2 500年,如果每个"月亮"代表一年,就得有2 500个"月亮",之所以只设计了2 499个,那是因为还有一轮明月就在天上。中秋之夜,加上天上一轮明月,可同时观赏到2 500个各具特色的"月亮",这样的设计真的很有寓意,如图2-2-10所示。然而2 499个中的一个"月亮"设计得特别"高

图 2-2-10

大上",它代表公元前486年的月亮,称为"月之眼",其余的2498个月亮称之为"月之魂"。据了解,"月之眼"直径为6米,距离地面13米,是目前全球最大的一个裸眼3D成像LED月亮,可通过灯光技术360°呈现3D立体投影的效果,能够展现很多的立体图像。更先进的是,它不需要戴眼镜观看,其LED内部分了30多层图像,形成一个立体的图像。"月之魂"部分有2498个"月亮",每盏灯由直径0.6米的小球组成,为了达到逼真效果,设计人员采用了半透PC材质,并在表面印刷月球图案,用半透明半镜面的涂刷方式来实现月亮斑驳的艺术效果。

(2) **桥洞映月**。五亭桥被我国桥梁专家茅以升誉之为中国最美丽的桥,是扬州的标志性建筑。我们组织少科院部分学生去瘦西湖乘船夜游五亭桥,观察中秋月圆之夜,桥下十五个桥洞。每洞各衔一月,十五轮圆月倒悬水中,与夜空中的那一轮遥相辉映,奇妙无比,美不胜收。在游览的基础上,我们围绕五亭桥的设计特点进行探究。它是怎样将亭与桥汇成一体的?桥亭与桥基是如何和谐配置的?为什么把桥身建成拱卷形?15个桥孔怎么就成了15个圆月?探究知识参见本书73页"3. 从经典中品美"相关内容。

(3) **实验显月**。利用校本课程让学生了解月亮的相关知识,并提出相关问题进行科学研究:为什么今年的中秋月特别大?月亮周围有空气吗?有磁场吗?它绕地球运行的轨道是何形状?有何特点?为什么月有阴晴圆缺?月食是如何形成的?有人说嫦娥奔月的故事发生在远古的九州中的扬州,你信吗?在此基础上开展以"月是扬州明"为主题的知识竞赛、辩论赛。还利用学校的相关器材进行实验探究,如用三球仪来探究月食是如何形成的,用月相视运动显示仪来探究月相的产生原因等。

演练场

小试牛刀

请你结合"点金石"中的"活动过程"要点,撰写一篇"中秋赏月活动"千字文,让你的父母给其作出"合格、优秀、点赞"的评价,并将其记录在书末的"自评记录表"中。

第三节　教学方案

小故事

手机吊冰箱

　　有一天，树人学校的一位学生一脸既惊讶又叹服的神情跑到少科院办公室，告诉老师说，网上有"手机吊起冰箱"的视频——两名清华大学的研究生通过变速装置，将一部不足 200 g 的普通手机，利用其中的马达震动所产生的牵引力放大 10 万倍后，一个半小时就吊起了一台重达 60 kg 的冰箱，如图 2-3-1 所示。

图 2-3-1

　　老师看完视频后也有震撼的感觉，觉得这既是一个很有创意的科技实践活动，也是一个很好的"将知识变为力量"的教育资源。其中涉及的物理知识有杠杆原理、功率因素、能量转化等，它印证了阿基米德的一句名言"给我一个支点，我就能够翘起地球"。其蕴含的教育意义在于启发学生不要轻易放弃，知识加技能就等于力量。于是他就设计了《放大器的探秘》，该设计参加了第 25 届江苏省青少年科技创新大赛，荣获科技辅导员创新成果二等奖，获奖证书如图 2-3-2 所示。

图 2-3-2

点金石

方案设计

青少年科技创新大赛有一个项目，就是"科技辅导员科技创新成果竞赛"。该竞赛按项目类型分为科技发明类、科教制作类、科技教育方案类。其中的科技教育方案类可分为教学方案类项目和活动方案类项目。

1. 方案的基本要素

（1）**方案的名称**：名称的撰写要正确、简洁、鲜明。如上述小故事中的方案名称为《放大器的探秘》，其正确性在于能恰如其分地反映方案的内容（放大器）、范围（探秘）、深度（方案）；其简洁性在于它只用了短短的 6 个字，而且能反映出该方案属于教学方案类项目；其鲜明性在于方案的名称一目了然，一看名称就知道方案的内容、范围和深度。

（2）**方案的背景与目标**：每项方案的设计都有其背景和目标。如《放大器的探秘》，其背景是：两名清华大学的研究生用一部不足 200 g 的小手机，吊起一台重达 60 kg 的大冰箱。其目标是：① 知识与技能：A. 知道放大器这一概念的内涵和外延；B. 理解涉及声、热、光、力、电的相关知识。② 方法与过程：A. 能用建立放大器模型的方法来探究放大器的奥秘；B. 会设计声放大器、热放大器、光放大器、力放大器、电放大器。③ 情感、态度与价值观：A. 感受知识可以变为力量；B. 感悟不要轻易放弃，就能获得成功。

（3）**方案所涉及的对象、人数**：以上述方案为例，涉及的对象为初三兴趣小组的学生，每次不超过 50 人，全年都可以开展。

（4）**方案的主体部分**：① 活动内容；② 难点、重点、创新点；③ 利用的各类科技教育资源（场所、资料、器材等）；④ 活动过程和步骤；⑤ 可能出现的问题及解决预案；⑥ 预期效果与呈现方式；⑦ 效果评价标准与方式；⑧ 对青少年"益智、养德"等方面的作用。具体内容见下页"展示台"。

2. 方案的评审原则

如何评价教学方案的优劣呢？青少年科技创新大赛对科技辅导员的教学方案评审有如下五个原则。

（1）**教育性**：符合科技教育教学、活动的基本规律；青少年有较大的动脑思考、动手实践的空间，能启迪青少年主动学习并经历科学探究的完整过程；有利于青少年对科学知识的掌握,有利于青少年对科技发展与人类生活、社会发展相互关系的思考,有利于青少年科学思想、科学精神与方法、创新能力的养成。从《放大器的探秘》教学目标的设计而言,完全符合教育性原则。

(2) **创新性**:内容、过程或方法的设计有创意;整个教学或活动的构思新颖、巧妙;因人而异,因地制宜。《放大器的探秘》方案由网上热传的"小手机吊起大冰箱"视频来吸引学生,让学生将课内探秘到的知识,用到课外去设计作品,进行交流展示等,无不显示其创新性。

(3) **可行性**:符合方案设计对象的知识、能力和认知水平;具备方案实施的必备条件;便于在科技教育教学活动中实施;不增加青少年的负担。《放大器的探秘》方案实践所展示的成果说明该方案的设计具有可行性。

(4) **示范性**:具有鲜明的时代特征,体现当代科技发展方向和教育理念;着重解决青少年所面临现实生活中的具体问题;便于推广普及。《放大器的探秘》方案源自人人都有的手机,便于推广普及,具有示范性。

(5) **完整性**:教学过程完整;实施步骤清晰、具体。从《放大器的探秘》方案的教学流程看,分课内和课外两个阶段进行,经历了"引入→问题→验证→建模→探究→设计→交流"等七个流程及其"播放视频→提出质疑→模拟实验→建立模型→探究奥秘→设计作品→交流展示"这七个过程,无不展示其完整性。

展示台

教学实例

现以《放大器的探秘》方案为例,对方案主体部分的教学设计进行讲解。

一、教学设计

1. **教学流程**:分课内和课外两个阶段进行,如图 2-3-3 所示。

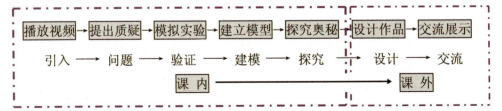

图 2-3-3

2. 教学重点:建立放大器的模型。

3. 教学难点:放大器的原理探秘和课外的设计制作。

4. 创新点:由网上热传"手机吊起冰箱"的视频来吸引学生去探究其中的奥秘。由于视频的设计有创意,导致本方案的设计也有创意,让学生将课内探秘到的知识用到课外去设计作品,进行交流展示,培养学生的创新意识,提高学生的创新能力。

二、问题预案

1. 可能出现的问题

问题一,学生可能不会用建立模型的方法进行研究。

问题二,学生可能想不到用已经学过的杠杆模型来模拟变速器中的齿轮传动。

问题三,在课外设计、制作一个放大器,并进行交流展示,学生可能有畏难情绪,导致不能进行有效的交流与展示。

2. 解决问题的预案

问题一和问题二的解决:在活动前,给活动对象印发讲义,讲解建立模型进行研究的方法和用模拟实验进行论证的典型案例。

问题三的解决:教师示范,设计一个难度不大的放大器,然后让学生模仿。如图 2-3-4 所示的设计,在此基础上,进行修改、制作、交流、展示、答辩、评比,推荐优秀设计参加青少年科技创新大赛。

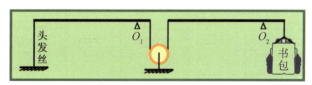

图 2-3-4

三、教学过程

1. 课堂教学阶段

(1) 播放视频

教师问学生,有没有看过网上热传的"小手机能吊起大冰箱"的视频?(摇头的多。)你们能相信这是真的吗?(不相信是真的,认为这是天方夜谭、异想天开。)

接着老师利用多媒体播放这段视频:清华大学的两名研究生先在图纸上写写画画,经过一系列复杂的机械操作之后,他们打造了一个名叫"超级变速器"的装置。随后将冰箱抬到一台电子秤上,绳索的一端捆住冰箱,另一端绕过屋顶的滑轮,再经过许多大大小小的齿轮后,与被固定在桌子上的手机相连,准备工作就此完成。实验开始了,随着手机的震动,绳索开始缓慢地绷紧并将冰箱拉起,电子秤上显示的重量数值随之持续减小。当该数字最后变成零时,一名研究生将电子秤从冰箱下方抽出,冰箱被悬空吊起。看到实验成功后,两人兴奋地击掌庆祝。另据视频交代,实验过程大约持续了一个半小时。学生对此视频还是将信将疑。

(2) 模拟实验

为了消除学生的疑问,老师启发学生并与学生共同设计模拟实验:探究一下用自己的头发丝、米尺、弹簧秤、铁架台、水桶、塑料袋等物品,最多能吊起一个多重的物体?并用弹簧秤直接测量头发丝所能承受的重量,可以发现头发丝的承载能力放大了很多倍,以此来证明网上的视频是可信的。

(3) 建立模型

引导学生从播放的视频和模拟的实验中建立模型。

视频实验的模型如图2-3-5中甲所示,模拟实验的模型如图2-3-5中乙所示。再让学生综合两个模型的共同点,建立图丙所示的模型。并建议学生给图中的"?"取一个名字,从而引出课题"放大器"。最后,让学生对放大器下一个定义:放大器是一个起放大作用的装置。视频实验中的变速器就是一个放大器,它能将小手机微弱震动产生的牵引力放大成吊起大冰箱的拉力;模拟实验中的杠杆也是一个放大器,它能将很细的头发丝的拉力放大到吊起一个大书包。上述的"变速器"和"杠杆"放大的是"力",我们把它们称之为"力放大器"。

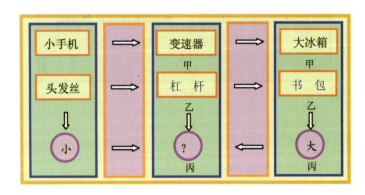

图 2-3-5

之后,引导学生将"放大器"的概念从力拓展到"声""热""光"和"电"等领域中,并让学生举例说明。

声放大器:扩音机。其模型是: 话筒 → 扩音机 → 喇叭 ;通常的声放大是采用转化的方法实现,扩音机是将微弱的声音(振动)转化为微小的电流,通过电放大(三极管),再由电转化为声,输送到喇叭而使声音得到放大。

热放大器:爆米锅。其模型是: 玉米粒 → 爆米锅 → 爆米花 ;通常的热放大器是根据物体热膨胀的特点设计的,放大的是物体的体积。其实温度计也是一个放大器,它是将体积的微小变化放大为液柱的明显上升。

光放大器:放大镜。其模型是: 小字 → 放大镜 → 大字 ;通常的光放大器是根据光学仪器能成放大的像而设计的,放大的可以是字、物体或视角。如放映机、显微镜放大的是物体,望远镜放大的是视角。

电放大器:三极管。其模型是: 小电流 → 三极管 → 大电流 。通常的电放大器是通过小电流→大电流(三极管)、低电压→高电压(变压器)而实现。

(4) **探究奥秘**

① 为什么视频实验中的变速器具有放大力的功能呢?

(a) 从杠杆原理出发进行探秘

变速器实际上是由多个大小不同的齿轮组成,其本质就是一个变形的杠杆,可以将齿轮的传动类比为用头发丝吊起大书包或用弹簧秤称大象的重的杠杆来,由杠杆原理 $F_1R_1=F_2R_2$,得 $F_2=F_1R_1/R_2$,其中的 R 为齿轮的半径或齿数。只要使 R_1 大于 R_2, F_2 就会大于 F_1。

(b) 从功率因素出发进行探秘

手机中的马达震动时的功率虽然很小,却是不变的。由功率的决定式 $P=Fv$ 可知,在功率不变的前提下,减小速度可以增大拉力。

(c) 从能量转化出发进行探秘

将马达消耗的电能转化为冰箱的机械能,其数学表达式为 $Pt=Gh$,即 $G=Pt/h$,变速器的作用就是通过减小速度来增大小马达震动的时间来实现的,所以手机吊起冰箱的实验大约持续了一个半小时。

② 为什么视频实验中的力能放大 10 万倍呢?

启发学生用熟悉的显微镜去类比之,其放大原理相似。显微镜是由两个放大镜组成,通过二级放大,显微镜的放大倍数就等于两个放大镜放大倍数的乘积。同样的道理,视频中的变速箱是由两个变速器组合而成的,如图 2-3-6 所示。变速箱降低的速度为两个变速器降低速度的乘积,可达 10 万倍,力就可以放大 10 万倍。

图 2-3-6

引导学生将多级放大的原理拓展到扩音机(三极管)和组合机械(杠杆、滑轮、斜面),激发学生课后去设计、制作、交流、展示自己的作品。

2. 课外设计阶段

在课外以研究性学习小组(以居民小区为主,自愿结合,便于利用双休日开展活动)的形式进行分工合作,解决下列问题:

(1) 列举生活中还有哪些以放大为原理的实例。

(2) 应用上述原理,每人创意设计一个放大器,并在小组内交流。

(3) 挑选出设计最优且容易制作的创意,并进行集体制作,成为小发明作品(作品名称由学生自取)。

3. 交流展示阶段

利用科技活动课的时间,组织学生开展交流活动。学生可带上作品进行展示,或制作成PPT,进行答辩、展示、评价。

四、效果评价

1. 预期效果与呈现方式

预期效果:学生能充满兴趣地投入到放大器的学习中来,基本达成预设的教学目标。

呈现方式:以合作小组为单位,设计并制作涉及声、热、光、力、电等领域里的放大器。一个月后进行交流、展示、答辩、评比,并参加当年的青少年科技创新大赛。

2. 评价标准与评价方式

评价分过程评价和总结性评价两种,由学生自评、学生互评、教师评价构成。过程评价采用口头方式,总结性评价采用答辩展示的方式。

3. 益智养德的作用评价

让学生从"放大器"的学习与探秘中感悟"如何将知识变为能力"。启发学生不要轻易放弃,知识加技能就等于力量。让学生在设计、制作放大器的过程中享受成功的快乐。

演练场

小试牛刀

请你结合"点金石"中的"教学方案"要点,撰写一篇"手机功能挖掘"的千字文,让你的父母给其作出"合格、优秀、点赞"的评价,并将其记录在书末的"自评记录表"中。

第四节　活动方案

小故事

乒乓外交

1971年3~4月,第31届世界乒乓球锦标赛在日本名古屋举行。开赛的第一天,中国队乘巴士从住地去体育馆时,美国运动员科恩上来搭车,于是中国运动员庄则栋主动和他握手、寒暄,并送他一块中国杭州织锦留作纪念。这个细节被在场记者捕捉,成为爆炸性新闻。

4月3日中国外交部以及国家体委就是否邀请美国乒乓球队访华问题向中央请示。经过3天的反复考虑,毛泽东在比赛闭幕前夕决定邀请美国队访华。次日,美国国务院接到中国驻日本大使馆《关于中国邀请美国乒乓球队访华的报告》,立即向白宫报告。尼克松在深夜得知这个消息后,立即发电报给美国驻日大使,同意中方的邀请。事后尼克松说:"我从未料到对中国的主动行动会以乒乓球队访问北京的形式得到实现。"

1971年4月10日,美国乒乓球代表团和一小批美国新闻记者抵达北京,成为自1949年以来第一批获准进入中国境内的美国人。14日,周恩来在人民大会堂接见美国乒乓球队时说:"你们在中美两国人民的关系上打开了一个新篇章。我相信,我们友谊的这一新开端必将受到我们两国多数人民的支持。"

1972年4月11日,中国乒乓球队回访美国。中美两国乒乓球队互访轰动了国际舆论,被媒体称为"乒乓外交"。从此结束了中美两国20多年来人员交往隔绝的局面,使中美和解随即取得历史性突破。

1972年2月21日,尼克松访华,中美关系终于走向了正常化的道路,这就是毛主席的以小球影响大球的乒乓外交(被毛泽东主席称之为用"小球转动了大球")。其中起关键作用的功臣则是出生于江苏省扬州市的庄则栋,他也因此被赞誉成"为人类的和平做出巨大贡献的体育界第一人",如图2-4-1所示。

图2-4-1

庄则栋，世界乒坛上一个传奇式的人物、中国体育史上一座永恒的丰碑。他曾经三次蝉联世界冠军、全国冠军、国家队内部冠军，这个纪录至今无人打破。他10岁开始练习乒乓球，14岁加入北京市少年宫业余体校乒乓球小组，15岁在北京市少年乒乓球赛上获男子单打冠军。16岁在全国乒乓球锦标上，获混合双打冠军。17岁时入北京乒乓球队。18岁参加国际乒乓球赛，获男子单打冠军，并和同伴一道夺得男子团体和男子双打冠军。20岁、22岁、24岁，分别在第26届、27届、28届世界乒乓球锦标赛上获男子单打冠军，并是中国乒乓球队获得男子团体冠军的主力队员之一，为中国乒乓球事业做出了突出贡献。他32岁当选中共十届中央委员，33岁任国家体委主任，34岁当选为第四届全国人民代表大会代表。

图 2-4-2

树人少科院以此为背景，开展以"小乒乓、大用场"为主题的科技实践活动。崔伟老师设计的活动方案荣获扬州市科技辅导员创新成果一等奖，江苏省科技辅导员创新成果三等奖，如图 2-4-2 所示。

点金石

方案设计

科技实践活动方案的设计，是开展科技实践活动的指导性依据。它包括：活动背景、活动目标、活动对象、活动内容、活动过程、效果评价等环节。现以"小乒乓、大用场"科技活动方案为例说明。

1. 活动背景

它是开展科技活动的出发点。崔伟老师对设计方案背景是这样描述的："前不久，得到我儿子发来的他获得南京理工大学学生乒乓球比赛冠军的好消息，不禁回想起他小时候学练乒乓球的那段经历，感慨万千。也由此激发了我的创新灵感，是否以乒乓球为研究对象，组织学生开展一次科技活动呢？于是我设计了本方案，并作为我校少年科学院的校本课程。经过实施，效果不错。"

2. 活动目标

它是组织学生开展科技活动的立足点，它包括"知识目标、能力目标、情感目标"三个方面。

(1) **知识目标**：了解有关乒乓球的相关知识，知道乒乓球在日常生活和学习中的作用。

(2) **能力目标**：尝试运用科学研究的方法，体验涉及乒乓球的相关现象及其原理和规律，提高调查、观察、实验、创新、收集和处理信息等能力。

(3) **情感目标**：培养良好的生活习惯，获得成就感，增强自信心，学会合作与分享，激发爱国主义情操。

3. 活动对象

它包括参加活动的成员、人数、活动地点等。崔伟老师设计的活动对象是树人少年科学院的学生，学生自主参加，每次不超过 48 人，长年进行。活动地点：树人少科院活动室。

4. 活动内容

它是落实活动目标的具体措施，预设活动成果的实践内容。

(1) **识国球**（测量）：认识乒乓球的相关特性。

(2) **健体质**（体验）：参加乒乓球运动的锻炼。

(3) **扬国威**（调查）：学习庄则栋的乒乓精神。

(4) **做实验**（探究）：以乒乓球为器材做实验。

5. 活动过程

它是落实活动内容的具体方案。

(1) **测量活动**：认识乒乓球的主要参数和特性，具体为"测、算、比"三项实践活动。

(2) **体验活动**：体验乒乓球是一项老少皆宜的体育运动，具体为"访、练、赛"三项实践活动。

(3) **调查活动**：扬我国威，向乒乓球世界冠军庄则栋学习，具体为"查、学、研"三项实践活动。

(4) **探究活动**：将乒乓球当实验器材使用，开展研究性学习，具体为"做、探、变"三项实践活动。

上述活动过程的具体实践见下面的"展示台"内容。

6. 效果评价

它是预设活动成果的评价内容。

(1) **预期效果与呈现方式**：① 预期效果：学生能充满兴趣地投入到本活动中来，基本达成预设的教学目标。② 呈现方式：从"测、算、比、访、练、赛、查、学、研、做、探、变"这十二个活动中呈现，让三大目标能真正落地生根。

(2) **评价标准与评价方式**：评价分过程评价和总结性评价两种，由学生自评、学生互评、教师评价构成。过程评价采用口头方式，总结性评价采用答辩、展示、竞赛的方式。

(3) **益智养德的作用评价**：让学生从"小乒乓、大用场"的活动中感悟"如何养成良

"好习惯";启发学生"学习乒乓精神、贵在坚持",把爱国主义情感具体落实到科学、人文、健身等知识的积累和能力的提高上。

展示台

活动实例

现以"小乒乓、大用场"科技活动方案为例,对科技方案主体部分的活动过程设计进行展示。

活动设计一　认识乒乓球的主要参数和特性

【设计意图】　从物理知识(乒乓球的直径、最大周长、表面积、体积、弹性等)与相关技能(测量、计算、比较)的层面上设计,落实知识目标。

活动一　【测】　测出主要参数(图 2-4-3)

1. 测直径

用刻度尺和两个三角板配合测乒乓球的直径 D。

2. 测周长

用纸条和刻度尺配合测乒乓球的最大周长 L。

图 2-4-3

3. 测厚度

用游标卡尺直接测废弃乒乓球的厚度 d。

4. 测质量

用电子秤直接测乒乓球的质量 m。

活动二　【算】　算出相关数据

根据活动一的测量结果,利用相关公式计算下列物理量:S、V、$V_实$、$V_空$、ρ。

1. 算面积

用公式 $S=\pi D^2$ 计算乒乓球的表面积。

2. 算体积

(1) 用公式 $V=\pi D^3/6$ 计算乒乓球的体积。

(2) 用公式 $V_实=Sd$ 计算乒乓球的实心体积。

(3) 用公式 $V_空=V-V_实$ 计算乒乓球的空心体积。

3. 算密度

用公式 $\rho = m/V_{实}$ 计算乒乓球的物质密度,并确定该物质名称。

活动三 【比】 比出弹性优劣

1. 比不同类型球的弹性

乒乓球与排球、篮球、足球比(相同高度、相同地面、自由下落)。

2. 比不同品牌同类球的弹性

不同品牌的乒乓球比(相同高度、相同地面、自由下落)。

3. 比相同品牌同类球的弹性

(1) 比相同高度、不同地面、自由下落时的弹性。

(2) 比不同高度、相同地面、自由下落时的弹性。

活动设计二 体验乒乓球是一项老少皆宜的体育运动

【设计意图】 从健身知识(乒乓球是老少皆宜的健身运动)、行为(自觉参与乒乓球运动)与习惯培养(争取每天、每晚、每周、每学期坚持练)的层面上设计,落实知识和情感的双重目标。

活动四 【访】 采访人群场馆

1. 访人群

采访乒乓球运动的特殊人群(幼儿园和老年活动中心)。

2. 访场馆

采访乒乓球运动场馆(扬州体育馆或体育公园和宋夹城)。

活动五 【练】 训练打球技术

1. 校内练

在学校课间休息时间练(争取每天 5 分钟)。

2. 家里练

在家做作业间隙时间练(争取每晚 10 分钟)。

活动六 【赛】 组织相关比赛

1. 互赛

同学间相互为切磋球艺而赛(利用双休日,争取每周一次)。

2. 竞赛

组织学生参加相关的乒乓赛(利用寒暑假,争取每学期一赛)。

活动设计三 扬我国威,向乒乓球世界冠军学习

【设计意图】 从人文知识(乒乓球赛及其具有里程碑意义的世界冠军)、情感(扬

国威、学乒乓精神)与能力(研究旋转球)的层面上设计,落实三重目标。

活动七 【查】 网上查询我国的乒乓球世界冠军

1. 谁是世界冠军第一人

第一个获得乒乓球世界冠军的中国人是谁?在什么地方获得?(是容国团,1959年4月在联邦德国第二十五届世界乒乓球锦标赛上获得。)

他的体坛地位如何?(他是一位里程碑式的人物——中华体坛第一个世界冠军获得者。)

2. 谁获世锦赛三连冠

中国第一个在世界乒乓球锦标赛上荣获三连冠的人是谁?是哪个地方的人?(是庄则栋,江苏扬州人。)

他在哪一年、哪个地方获三连冠?什么项目?(在1959年斯堪的纳维亚国际乒乓球赛中,连获男子单打、男子双打、男子团体三项世界冠军。)

他的冠军生涯最感自豪的是什么?(是"三第一",即世乒赛男单三连冠,国内比赛三连冠,国家队队内比赛三连冠,是我国"乒乓外交"的关键功臣。)

3. 谁获金牌数最多

中国获得乒乓球世界冠军金牌数最多的运动员是谁?共多少枚?是哪里人?(是邓亚萍,共18枚,是河南郑州人。)

她第一次获得世界冠军时年龄多大?(只有16岁,9岁就荣获全国冠军。)

她的冠军生涯最感自豪的是什么?(是中国奥运史上第一个夺得四枚奥运金牌的人,在乒坛排名连续8年保持世界第一,是乒乓球史上排名"世界第一"时间最长的女运动员。)

活动八 【学】 学习庄则栋的乒乓精神

1. 学丰碑精神

他的乒乓之道起步于新中国的艰难岁月,他是中国体育史上一座永恒丰碑。

2. 学创业精神

他的乒乓精神鼓舞一代人的创业激情。

3. 学超越精神

他的乒乓外交使得乒乓球真正成了我们的"国球"。他为"小球转动大球"做出了卓越的贡献。

活动九 【研】 研究旋转球与不转球的原理

1. 上旋球的受力分析

乒乓球前进过程中由于不同的旋转方向会沿不同的径迹运动。运动员用上旋球的击球方法把乒乓球击出,如图2-4-4中沿逆时针方向旋转。一方面由于乒乓球的旋转,使上方的空气向左运动,下方的空气向右运动。另一方面,由于乒乓球同时还在向左运动,因此以乒乓球为参照物,球上方空气的流速小于球下方空气的流速,所以球上方空气的压强大于球下方空气的压强。球在空气向下的压力作用下,沿图中的弧线方向迅速下落。

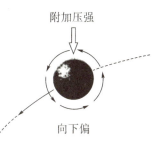

图 2-4-4

2. 旋转球的径迹研究

根据上述对旋转球的受力分析,其运动径迹如图2-4-5所示。其中上旋球的运动径迹为弧线1,不转球的运动径迹为弧线2,下旋球的运动径迹为弧线3。

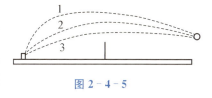

图 2-4-5

活动设计四　当实验器材使用:开展研究性学习

【设计意图】　从做(一个实验得多个结论)、探(多个实验探同一规律)与变(实验设计的变化策略)的层面上设计,落实能力目标。

活动十　【做】　一个实验得多个结论

1. 声学实验

将微弱的振动放大

实验: 在乒乓球上用胶带粘上一根细线,悬挂在铁架台下,让乒乓球慢慢接触正在发声的音叉。

现象: 会看到音叉迅速把乒乓球弹开,乒乓球在重力作用下又回落,再次与音叉接触,又被弹开,直到音叉停止振动,如图2-4-6所示。

结论: ① 发声体是振动的。② 乒乓球弹开的远近与振幅有关。

图 2-4-6

2. 热学实验

瘪的乒乓球复原实验

实验: 用手将乒乓球摁瘪,接着把球放入杯中,倒入热水。

现象: 看到瘪的乒乓球又变圆了,如图2-4-7所示。

结论: ① 热膨胀。② 气体膨胀做功。③ 内能随温度的升高而增大。

(同一现象、多个原理)

图 2-4-7

3. 光学实验：乒乓球成鸭蛋了

实验：将乒乓球慢慢压入盛水的玻璃杯中。

现象：圆的乒乓球成了椭圆形的"鸭蛋"，如图 2-4-8 所示。

结论：① 圆柱形水杯中的水横向是个放大镜，成放大的虚像。② 竖向像个厚玻璃砖，不能放大。

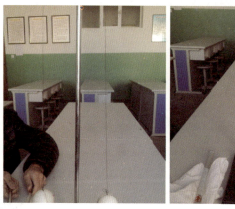

图 2-4-8

4. 电学实验：电荷间相互作用

实验：先将两个乒乓球用丝线悬挂起来，再依次做下列三个实验：① 用带正电荷的玻璃棒（与丝绸摩擦过）以及带负电荷的橡胶棒，分别靠近两个乒乓球。② 使两个乒乓球都带上正电荷（用玻璃棒去接触乒乓球）或负电荷（用橡胶棒去接触乒乓球）后让它们相互靠近。③ 两个乒乓球都带上异种电荷后靠近。

现象：实验①：带电玻璃棒或橡胶棒都能吸引乒乓球。实验②：两个乒乓球相互排斥。实验③：两个乒乓球相互吸引，如图 2-4-9 所示。

图 2-4-9

结论：① 带电体能吸引轻小物体。② 同种电荷相互排斥。③ 异种电荷相互吸引。④ 世界上只有两种电荷。

5. 力学实验：创新的覆杯实验

实验：用乒乓球紧盖在装满水的矿泉水瓶口，并将其倒置，然后放开手，如图 2-4-10 所示。

现象：乒乓球不会掉落，水也不会流出。

结论：① 说明乒乓球不怕水浸。② 证明大气压的存在。

活动十一 【探】 多个实验探同一规律

流速大的地方，流体的压强小。

图 2-4-10

1. 落不下来的乒乓球

将乒乓球放在电吹风的吹风口上方，吹出强烈的气流居然能托起乒乓球，乒乓球此时学会了"腾云驾雾"之术，在空中十分逍遥，如图 2-4-11 所示。

图 2-4-11

图 2-4-12

图 2-4-13

2. 滚不下去的乒乓球

将乒乓球斜放在一次性饭盒的盖上，将自来水冲落在乒乓球上，乒乓球居然没有滚下来，如图 2-4-12 所示。

3. 吹不掉落的乒乓球

先将漏斗口朝下，再把乒乓球置于口颈处，然后在上端吹气，球不会掉落，如图 2-4-13 所示。

4. 分而不离的乒乓球

当往浮在水中的两乒乓球之间喷水时，两乒乓球不仅不分开，反而彼此靠近，如图 2-4-14 所示。

图 2-4-14

5. 隔杯跳远的乒乓球

把两个高脚杯并排放置，乒乓球放在前一个高脚杯中，对着球的上方沿水平方向吹气。上方气体流速大，压强变小，压力变小，乒乓球上下受到向上的压力差，会浮起来。继续吹，就"跳入"第二个杯子里去了，如图 2-4-15 所示。

图 2-4-15

活动十二 【变】 实验设计的变化策略

1. 变微小变化为大幅摆动

音叉的振动幅度比较微小,不容易看清楚。将音叉的振动转化为乒乓球的摆动,就能帮助学生理解"声音由物体的振动产生""空气能传声"和"响度随振幅的增大而增大"等声学原理。在乒乓球上用胶带粘上一根细线,悬挂在铁架台下,让音叉甲的叉股靠在泡沫塑料球上,当敲响音叉乙时,会观察到乒乓球摆动起来,如图 2-4-16 所示。还会看到:越用力敲击音叉乙,音叉甲将乒乓球弹得越远。

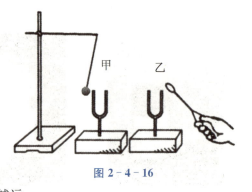

图 2-4-16

2. 变微观知识为宏观模拟

分子间存在着引力和斥力,而总的作用效果随分子间的距离不同而不同。制作如图 2-4-17 所示的模型进行模拟处理:用两个废乒乓球代表两个分子,将橡皮筋穿透两个乒乓球并在两球之间串一只弹簧,使其在两球间产生压缩形变,橡皮筋两端加以固定。压缩弹簧产生的弹力表示分子间的斥力,橡皮筋伸长时产生的拉力表示分子间的引力。当斥力与引力相等时,两球(分子)处于平衡状态,两球间的距离就是分子平衡位置距离。当两球间的距离小于平衡位置距离时,弹簧再度被压,斥力增强,橡皮筋缩短,引力减小,对外表现为斥力。反之对外表现则为引力。

图 2-4-17

演练场

小 试 牛 刀

请你结合"点金石"中的方案设计要点,撰写一篇"饮料瓶创新活动设计"千字文,让你的父母给其作出"合格、优秀、点赞"的评价,并将其记录在书末的"自评记录表"中。

第三章 实践成果的秘密

成果一 让废旧的瓶瓶罐罐"酷"起来

树人少年科学院小院士科技实践活动共同体

指导老师　崔　伟　方松飞
活动时间　2011年9月～12月

该成果荣获全国青少年科技创新大赛一等奖,全国十佳科技实践活动奖以及江苏省青少年科技创新大赛一等奖。其证书和展板如图3-1-1所示。

图 3-1-1

一、活动背景

饮料瓶、易拉罐等在我们的日常生活中随处可见,人们的处理方式也往往是随手一扔了事。因为在很多人看来,这些瓶瓶罐罐已毫无用处,卖到废品收购站一个也就几分钱,没什么可惜的。其实,这与人们正在关注的"低碳、环保、节约"等理念背道而驰。这些被废弃的瓶瓶罐罐中,有不少是"美观入眼、质地又好,可再加工"的好材料。于是,我们开展了"让废旧的瓶瓶罐罐'酷'起来"的科技实践活动。将这些废旧的瓶瓶罐罐加以改造,进行二次利用,"变废为宝",满足学生探究创意的心理需求和学习欲

望,促使迸发出创造的火花。

二、活动目标

1. 培养学生"保护环境、珍惜资源、变废为宝"的文明习惯和生活理念。
2. 让学生知道瓶和罐的特点、用途,了解人们对其处理的习惯和态度。
3. 用身边的材料,做身边的科学。培养学生从自己的周边生活中主动发现问题并独立解决问题的态度和能力。
4. 通过调查活动,锻炼学生外出宣传、采访、搜集资料和与人交往的能力。
5. 通过围绕废旧的瓶瓶罐罐开展金点子、小制作、小实验、小发明、小论文等的评比活动,提高学生的创新能力、想象能力、动手能力和综合实践能力。
6. 教育和影响周边人,大家都来变废为宝,净化我们的环境,美化我们的生活。

三、活动内容

1. 对废旧瓶瓶罐罐进行分类,对其特点、用途、处理方法开展网上查询、问卷调查、"金点子"创意评比等活动。
2. 围绕废饮料瓶,开展"小制作""小实验""小发明"等科技实践和作品展示活动。
3. 扩大活动范围,吸引更多的学生,开展低碳生活调查活动,并利用生活中的其他废料,开展"低碳生活工艺品"的制作活动。
4. 撰写"小论文"并进行交流评比。

其中的"小制作""小实验""小发明""小论文"是本活动的重点,"小发明"是本活动的难点。

四、活动过程

1. 设计活动方案

【设计意图】 在开展活动之前,确定活动对象为我校树人少年科学院获得校级小博士称号的初一学生,以及获得校级小院士称号的部分初二和初三的学生,以提高活动成员的研究层次。并将组织名称确定为树人少年科学院"小院士课题研究班",可以进行校本培训。

（1）**确定活动主题名称:** 主题:变废为宝、美化生活。名称:让废旧瓶瓶罐罐"酷"起来。

（2）**落实活动人员时间:** 人员:树人少年科学院"小院士课题研究班"的98名学生。时间:2011年9月~12月。初一学生每周星期三下午第四节集体活动,地点在物理实验室。初二、初三的爱好者利用课余时间,以学习共同体的形式开展活动。

（3）成立相关研究共同体：根据学生的爱好特长，以自愿结合为原则，以“调查研究”“实验研究”“作品制作”“创意小发明”为研究目标，成立8个课题研究共同体。

（4）进行校本课程培训：对初一参加课题研究共同体的学生，我们以校本课程的形式，进行专题培训，如图3－1－2所示，围绕“金点子”创意、小制作要领、小发明技巧、小实验设计、小课题研究、小论文写作等专题进行培训，其教案如图3－1－3所示。极大地提高了学生开展科技实践活动的水平和能力。

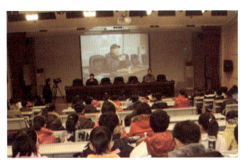

图3－1－2

校 本 课 程

树人少科院“小院士课题研究班”教案

执教人：方松飞　时间：2011年9月23日

教学内容	怎样撰写创新金点子
教学目标	1. 知道什么是金点子 2. 知道撰写创新金点子的思路 3. 知道撰写创新金点子的要点
教学重点	撰写创新金点子的思路
教学难点	撰写创新金点子的要点
教学方法	案例教学法
实验过程	一、什么是金点子 为解决某个问题而想到的特别好的主意、办法、举措或策略。 二、撰写创新金点子的思路 以“缺点列举法”为切入点，来拓宽思路，不断创新，通过发现事物的缺点，提出改革设想。 三、撰写创新金点子的要点 1. 选准对象 所选的课题要相对小些，简单些，这样容易成功，如果课题过大，那可将它分解开来，就该课题的局部进行考虑。 2. 分析事物 确定与课题有关的信息种类，如材料、功能、结构等，对事物进行系统分析，努力寻找有价值的东西。 3. 列举缺点 要善于观察事物，发现缺点，并抓住不放，要尽可能地详细地把缺点一一罗列出来。 4. 激励创新 针对一个或几个缺点，我们必须及时地设计并提出方案进行交流。 5. 写作升华 用文字把它记下来。 四、教学案例 针对“台灯”找出其缺点，提出改进办法，形成金点子。 1. 列举缺点 (1)台灯只能用手控，(2)台灯下写字时间长了会犯困、(3)夏天用台灯会引来蚊子，(4)台灯太费电，(5)台灯样式老，(6)用的时间长对眼睛不利。 2. 解决办法 (1)有的提出绿色灯、(2)有的提出环保灯、(3)有的提出声控灯。
布置作业	针对废旧饮料瓶的处理问题，出一个金点子。
备　注	要求学生按金点子创意表格式要求撰写金点子。

图3－1－3

2. 调查研究活动

【设计意图】　就瓶瓶罐罐的材料、形状、处理方式等展开调查。先从学生家庭开始，后扩大到居民小区，再从网上进行查询，了解回收和利用废饮料瓶特别是塑料瓶的经典案例，然后向全校学生发出倡议，关注废旧的瓶瓶罐罐，共同加入“低碳一族”的行列，美化、净化我们的生活空间，提高我们的生活质量。

（1）家庭搜集：将自家经常使用的废旧的瓶瓶罐罐搜集起来，按体积大小不同分类，拍成照片进行交流；再按材料不同进行比较，研究其特点、用途及其处理方法，调查报告如图3－1－4所示。

关于易拉罐处理情况的调查报告

家庭

材料	易拉罐	矿泉水瓶	饮料瓶	纸盒饮料	塑料杯
形状	粗桶圆柱形	圆柱形	圆柱形	长方体	圆柱形
处理	回收	回收	回收	扔进垃圾桶	扔进垃圾桶

社会

地点	学校	农贸市场	娱乐场所
材料	易拉罐 矿泉水瓶 饮料瓶	易拉罐、矿泉水瓶、纸盒饮料、塑料杯	易拉罐、矿泉水瓶 饮料瓶、玻璃瓶、 塑料杯
形状 处理	圆柱形 扔进垃圾桶， 等工人回收	圆柱形 随手扔掉	圆柱形 扔进垃圾桶，等回收

调查结论：由此得出，我市大部分场所注意易拉罐的处理，但仍有部分场所做的还不够到位，要加强管理。

初一（4）班　王峻晖

图3－1－4

（2）小区调查：调查附近居民小区对废旧的瓶瓶罐罐的处理态度。如有学生围绕“购买饮料的根据是什么？处理废弃饮料瓶的方法有哪些？有必要进行废瓶回收吗？是否会怀疑环保瓶的卫生情况而不敢购买？”这四个问

题以选择题的形式设计了问卷调查表进行调查。

（3）**网上询查**：通过网上询查，汇总回收和利用废饮料瓶特别是塑料瓶的经典案例。例如将回收的废旧饮料瓶加工成成品纤维或瓶片原料，进行再生产；将废旧饮料瓶加工成生活用品或工具，方便我们的生活；还可以加工成低碳生活工艺品，美化我们的生活空间。

（4）**发出倡议**：在校内提出倡议，号召全校同学把这项活动主题带进各自班级进行宣传。动员每一位同学把活动主题带回家，邀请家人参与，一起收集利用废瓶子的好创意。扩大创意的范围，不只局限于瓶瓶罐罐，可涉及所有的变废为宝，掀起了全校性的制作低碳生活工艺品的热潮，并进行展示评比。

3. 设计制作活动

【设计意图】 对废旧的瓶瓶罐罐再利用的核心问题是如何变废为宝，美化我们的生活。其关键就是设计、制作、展示、评比、推广。就学生来说，经历一个从认识到行动的过程；就活动而言，经历一个从"金点子创意"到"小制作展示"到"小发明评比"再到"小循环创造"逐步提升的过程，从中提升学生的创新能力。

（1）**金点子评比**：围绕"让废旧的瓶瓶罐罐'酷'起来"这一活动主题，在树人少年科学院内开展"金点子"创意评比活动，要求全校学生人人参与，并以班级为单位，评选出"好"点子，再参加少年科学院的评比，从中评选出优秀"金点子"，如图 3-1-5 所示。

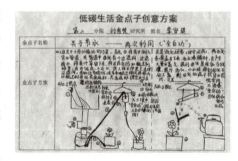

图 3-1-5

（2）**小制作展示**：把废旧的瓶瓶罐罐制作成低碳作品，开展作品展示活动。制作成漏斗、笔筒、牙杯、洒水瓶、保鲜罐、储物罐、花盘、垃圾桶、防皱晾衣架、环保清洁球、蛋黄分离器、冷却瓶架、放大镜观察架等用具类作品，烧杯、水钟、浮力秤等仪器类作品以及其他工艺类作品进行展示，评选出优秀的作品。

（3）**小发明设计**

在小制作的基础上将富有创意的作品提升成为小发明，申报发明专利。我们先让课题共同体的学生设计小发明方案，如图 3-1-6 所示。然后进行制作，如图 3-1-7 所示。在设计的基础上，加工成小发明作品，进行展示评比，参加竞赛。如学生万众的小发明"低碳质量仪"就是经过如图 3-1-8 所示的过程，参加中国少年科学院小院士课题研究论文答辩活动并获一等奖。他也成为中国少年科学院的小院士，获奖证书如图 3-1-9 所示。

第三章 实践成果的秘密

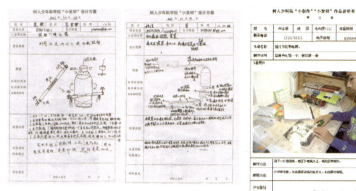
图 3-1-6

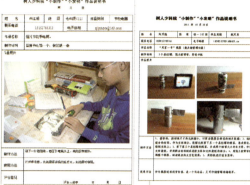
图 3-1-7

图 3-1-8　　　　　　　　　　　　　　图 3-1-9

4. 系列实验活动

【设计意图】 引导学生把废旧的瓶瓶罐罐加工成实验器材,进入课堂,做教材上的许多实验,并建议学生将实验由学校带回家庭。就初中物理而言,可以设计成声、热、光、力的系列实验,为家庭实验室的建立奠定了基础。我们还鼓励学生建立课题研究共同体,开展课外的实验探究活动,提升学生的科学素养。

(1) 教材系列实验

① 声的系列实验:用废饮料瓶演示声波具有能量,探究影响响度、音调和音色等因素的实验。有的学生在 8 个相同的啤酒瓶灌入不同高度的水,来探究影响音调的因素。敲击它们,可以发出不同音调的声音来。敲击瓶口时,决定音调高低的因素是水柱的长短,水柱越短音调越高。若向瓶口吹气,也可以发出不同音调的声音来。这些声音产生的原因是瓶内的空气在振动,决定音调高低的因素是瓶内空气柱的长短,空气柱越短音调越高。有的学生对比两个形状相同、灌入水的高度相同、但材料不同的饮料瓶,无论是敲击瓶口还是向瓶口吹气,它们发出声音的音色都不同,说明音色与声

107

源的材料结构有关,其设计的报告书如图 3-1-10 所示。

② 热的系列实验:用废饮料瓶演示空气的热膨胀、物态变化、扩散等现象,探究温度计的工作原理、影响分子热运动快慢的因素等实验。用小瓶子、橡皮塞、吸管和浅红色的水自制成液体温度计,来探究温度计的原理,如图 3-1-11 所示。用手握瓶子,吸管中红色的水上升,说明温度计是利用液体的热胀冷缩的规律来工作的。

③ 光的系列实验:利用废饮料瓶演示光的直线传播、小孔成像、光的反射、折射、色散等光现象,探究凸透镜成像规律等实验。一位学生做了"神奇的光现象"的系列实验,如图 3-1-12 所示。

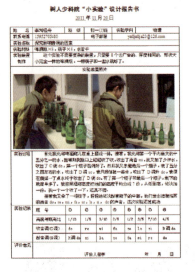

图 3-1-10　　　　图 3-1-11

④ 力的系列实验:利用废饮料瓶演示惯性、大气压强等现象,验证流速与压强的关系、液体和气体压强的存在,探究影响摩擦力大小的因素、液体内部的压强、压力的作用效果、浮力的产生原因、物体沉浮的条件等实验。有的学生做了"鸡蛋在盐水中沉浮"的实验探究,如图 3-1-13 所示。

图 3-1-12　　　　　　　　　　　　　图 3-1-13

(2) **综合实践活动**

① 揭开九龙杯不可满杯的秘密:传说朱元璋在一次宴请文武大臣的宴会上,用九龙杯(图 3-1-14)给几位心腹大臣添满了酒,而对其他一些大臣则倒得浅浅的。结果那几位添满酒的大臣,御酒全部从"九龙杯"的底部漏光了,而其他大臣都高兴地喝上了皇帝恩赐的御酒。后来方知此杯盛酒最为公道,知足者水存,贪心者水尽。那九龙杯的原理是什么呢?张馨之同学用图 3-1-15 中的废旧的饮料瓶进行了实验探究,观察到的现象记录在表 3-1-1 中。

108

图 3-1-14　　　　　　　　　图 3-1-15

表 3-1-1

注水情况	未达到吸管拐弯处	高于吸管的拐弯处	低于较短的吸管口
实验现象	水不会流出去	水通过底部的吸管流出去	水停止流出

从而发现九龙杯不能满杯的原因：当杯里的水位低于吸管的拐弯处时，在水和空气的共同作用下，水会被挤进倒U形吸管较短的那截，并与杯中的水位保持水平，此时水不会流出来。继续加水，水位升高，压力增大时，吸管里的水就会向吸管弯曲的部分流去，直到流出吸管，如图3-1-16所示。学生将其设计应用在给金鱼缸换水上，用一根较长的橡胶管，将管内灌满水，用手堵住两端，一端留在鱼缸的水面下，另一端放在鱼缸外低于鱼缸内水面的位置，松开手后水便会自动流出，也就不必倾倒水缸进行换水了。该作品在2011年江苏省少年科学院科技创新评比中获一等奖，如图3-1-17所示。

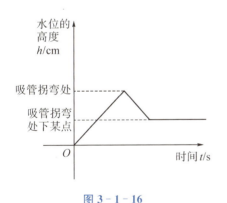

图 3-1-16　　　　　　　　　图 3-1-17

② 水火箭的发射研究：把废饮料瓶制作成水火箭，用它进行科学探究，如图3-1-18所示。从饮料瓶内的装水量、气压、水火箭的外形、发射角度、发射轨道等因素来探究影响水火箭射程的因素。学生刘晨露自己制作了水火箭，并与该共同体的6位学生开展了"探究影响水火箭水平射程的因素"的实验研究。他们分别从瓶内水的体积、瓶的

形状、容积、瓶内的气压、喷出的液体、发射的角度等因素进行了科学探究,搜集到的测量数据如表3-1-2所示。其中的表A和表D都反映了水火箭发射时的喷水质量,从而得出了影响水火箭射程的四个主要因素。其中喷水质量、气体压强、发射角度都是从增大动力因素的角度进行剖析的,而外形结构则是从减小阻力因素的角度进行思考的。该成果荣获江苏省科技创新奖评比一等奖,刘晨露还成为中国少科院小院士,获奖证书如图3-1-19所示。

图3-1-18

图3-1-19

表3-1-2 测量数据

表A 水火箭的射程与水的体积占容积的比的关系

水火箭发射编号	1	2	3	4	5	6	7
瓶的容积/ml	1 250	1 250	1 250	1 250	1 250	1 250	1 250
瓶内水的体积/ml	125	150	200	250	300	350	400
水体积占瓶容积之比	1/10	3/25	4/25	5/25	6/25	7/25	8/25
水火箭的射程/m	39.2	49.4	57.3	60.5	54.3	51.8	40.6

表B 水火箭的射程与动力舱的容积、形状的关系

水火箭发射编号	1	2	3	4
动力舱的形状	一个小可乐瓶	一个中可乐瓶	一个大可乐瓶	两个小可乐瓶串联
动力舱的容积/ml	600	1 250	2 500	1 200
水火箭的射程/m	38.6	52.2	69.1	86.7

表C 水火箭的射程与瓶内的气压大小的关系

水火箭发射编号	1	2	3	4	5	6	7
瓶内气压/10^3 Pa	1	1.5	2	2.5	3	3.5	4
水火箭的射程/m	5.1	12.5	30.35	36.45	40.1	48.9	53.4

表D 水火箭的射程与瓶内液体密度的关系

水火箭发射编号	1	2	3	4	5
瓶内所装的液体	黄酒	清水	盐水	糖水	糖盐水
液体和密度(g/cm²)	0.92	1.00	1.12	1.21	1.36
水火箭的射程/m	38.20	40.11	42.09	44.34	46.42

表E 水火箭的射程与发射角的关系

水火箭发射编号	1	2	3	4	5	6	7
水火箭发射的角度/°	20	30	40	45	50	60	70
水火箭的射程/m	24.8	31.3	43.6	60.7	53.0	36.2	28.4

③ 盒、杯、罐的循环创意：以食品盒、纸杯或易拉罐为加工对象，开展"小发明"的循环创意活动。利用"减、加、搬、定、代、扩、改、变"等创新技法进行循环创意活动，使学生在玩中体验并学会这些创新技法，如图 3-1-20 所示。

"减一减"和"加一加"是学生常用的创新技法：将食品盒或纸杯的下半部的斜切，拿掉（减去）上半部分，只留下半部分的底，用来做如图 A 所示的花盆等装饰品，这就是"减一减"。在此基础上，将两个斜切后的食品盒或其他装饰品如图 B 所示的方法进行组合，这就是"加一加"。再让学生"搬一搬"，就成了如图 C 所示的装饰品。"代一代"就成了如图 D 所示的工艺品。"变一变"就成了如图 E 所示的花瓶；"改一改"就成了如图 F 所示的由一个或多个纸杯以及其他电器材料组合而成的台灯。"扩一扩"就成了如图 G 所示的可以放在橱窗里的装饰品。"定一定"就成了如图 H 所示的由易拉罐加工成的工艺品。

图 3-1-20

5. 撰写论文

【设计意图】 以本次科技实践活动为契机,邀请专家对学生科技论文的写作开设专题讲座,如图 3-1-21 所示为江苏省物理教研员叶兵老师在做讲座。论文要以青少年科技创新大赛课题研究论文格式的要求撰写。从题目的选取、作者和指导教师的署名、摘要的要领、关键词的选取、引言的内容、正文的写作要求(包括理论性科技小论文、实验探究类小论文、调查类小论文)、致谢的书写格式、参考文献的编写方法以及附录的内容,进行全方位指导。并通过论文答辩、评比奖励等方法,提高参赛作品的质量。

图 3-1-21

(1) **范例引领**:用获奖学生的论文作为典型案例进行辅导。比如,我们用在 2010 年 11 月获得中国少年科学院"小院士"课题研究论文答辩一等奖的崔师杰的论文《扬州桥梁的调查与实验研究》和张世尧的论文《抗震楼的模拟实验研究》为范例来规范科技论文的写作。

（2）**论文答辩**：开展科技论文的撰写评比、答辩展示，提高本活动的层次和水平，扩大社会影响。如图 3-1-22 所示，学生在向本课题组的学生、教师展示自己的科技作品，并进行现场答辩。

（3）**编辑专刊**：通过学校少科院的院刊《树人小院士》，编辑出版《让废旧的瓶瓶罐罐"酷"起来》专刊，如图 3-1-23 所示。

图 3-1-22

图 3-1-23

五、活动成果

1. 评选出优秀金点子 12 个，展示由废饮料瓶加工的小制作 62 件。
2. 学生利用废饮料瓶做的小实验共计 25 个，并进行演示评比。
3. 收到围绕废饮料瓶主题撰写的调查报告或课题研究小论文 41 篇，进行评比、表彰。
4. 本活动的辐射作用比较明显，吸引了其他学生参与课题的相关活动。据不完全统计，全校有 1 000 多件用其他废旧材料制作成的"低碳生活工艺品"参与展示；有 65 个研究课题入围参加中国少年科学院 2011 年"小院士"课题研究论文答辩活动；有 33 个课题研究成果参加江苏省少年科学院 2011 年科技创新奖的评比活动。

六、收获体会

1. 提高了认识

本次活动提高了学生的认识水平。学生知道了废旧的瓶瓶罐罐的特点及其用途；了解了人们对其处理的习惯和态度；影响了周边更多的人，共同关注生活中的点点滴滴，净化我们的生活空间，美化我们的生活环境。

2. 增强了能力

调查活动增强了学生外出宣传、采访、搜集资料和与人交往的能力。围绕废旧的瓶瓶罐罐开展的"金点子创意""小制作展示""小实验探究""小发明设计""小论文撰写"等系列活动,培养了学生的创新意识,提高了学生的想象能力、动手能力和综合实践能力。

3. 培养了习惯

自主开发身边的科技活动资源,用身边的材料,做身边的科学。本次活动培养了学生从自己的周边生活中主动发现问题并独立解决问题的习惯;培养了学生"保护环境、珍惜资源、变废为宝"的文明习惯和生活理念。

4. 扩大了影响

本次活动扩大了树人少年科学院在社会上的影响。2011年12月,在中国少年科学院"小院士"课题研究交流活动暨工作年会的开幕式上,陆建军校长作为唯一的学校代表发言,交流学校开展科技实践活动的经验,媒体报道后首度引起全国的关注。2012年4月我校少科院成为中国少年科学院与学校共建的全国第一家校级少科院,如图3-1-24所示。

图 3-1-24

5. 培养了人才

2011年参加本课题活动的10位学生当选为中国少年科学院"小院士"。6件作品在2012年江苏省青少年科技创新大赛中获一、二等奖,如图3-1-25所示。

图 3-1-25

学校也因此成为中国少年科学院优秀科普教育示范基地、江苏省青少年科学教育特色学校、获2011年度"小院士"课题研究成果展示优秀组织奖。学校科技总辅导员方松飞被表彰为中国少年科学院2011年度"十佳科技辅导员",如图3-1-26所示。初二学生刁逸君获第七届中国青少年科技创新奖、初三学生崔师杰和初二学生薛逸飞的小发明分别获第七届国际发明展览会金奖和铜奖,如图3-1-27所示。

图3-1-26

图3-1-27

七、活动评价

评价是活动的重要环节,我们注重对学生个体和学生对本活动的双向评价。

1. 对学生个体的评价

采取他评与自评相结合的方法,让教师对学生、学生对学生、学生对自己进行评价。主要评价内容为学生参与本次活动的态度以及在活动中所获得的体验情况。

2. 学生对活动的评价

让学生从组织者的角度进行评价,对活动的可行性、实用性、普及性、提高性、创新性、完整性、教育性等进行评价,充分体现学生的主体作用。

(1) **从活动可行性和实用性进行评价**:不少学生认为本活动围绕一个人们随手可得、不屑一顾的"废饮料瓶"而展开。由于取材方便、制作简便,容易加工成为低碳生活工艺品,受到了学生的喜爱、家长的支持、学校的重视、社会的关注。

(2) **从活动的普及性和提高性进行评价**:不少学生从普及与提高的辩证角度进行评价,认为本活动的开展具有普及性,因为它从一位学生的"倡议书"出发,引起近千名学生的积极响应。活动中的每个细节能充分顾及参与活动的所有学生,对相关知识的要求不高,符合初中学生的理解深度和接纳程度。同时,本活动的开展具有提高性,从

获得优秀"金点子"的学生中，挑选出98位学生成立"小院士课题研究班"，以校本课程的方式开展有计划的科技实践活动，有利于活动成果的积累提升，为参加江苏省乃至全国的科技创新大赛奠定了厚实的基础。

（3）**从活动的创新性和完整性进行评价**：不少学生认为本活动从"金点子"创意评比出发，确保响应活动的学生人人参与，一个不落。在评选出优秀金点子的基础上，学生利用节假日在家中在进行"小制作"和"小实验"，使活动的时间和空间得到了充分的保证。在此基础上，进行"小制作"展示和"小实验"演示，从中吸引更多的学生参与到本活动中来。有的成立"小课题"研究共同体，对活动中感兴趣的问题进行具体研究；有的凭借自己的聪明才智，开展"小发明"设计、制作和循环创意，使活动环环扣紧、成螺旋形逐步提升。

（4）**从活动教育性和创造性进行评价**：不少学生了解到人们对饮料瓶处理的习惯和态度；增强了大家"保护环境、珍惜资源、变废为宝"的意识，逐步养成了"节约资源、低碳生活"的文明习惯和生活理念；学会了"用身边的材料，做身边的科学"；培养了从自己的周边生活中主动发现问题并独立解决问题的态度和能力；锻炼了外出宣传、采访、搜集资料和与人交往的能力；提高了创新能力、想象能力、动手能力和综合实践能力；教育和影响了周边的人，大家一起来变废为宝，净化环境，美化生活。

八、参考资料

1. 《青少年科技实践活动申报指南》写作要求。
2. 周建中，青少年科技创新活动介绍和创新大赛申报指南。

附件：活动过程的原始资料（略）。

成果二　筑下与大院士同样的科学梦

树人少年科学院

指导老师　方松飞　王洪安
活动时间　2014年

该成果荣获江苏省青少年科技创新大赛一等奖和全国青少年科技创新大赛三等奖。《扬州时报》也以一个整版的篇幅，以《筑下与大院士同样的科学梦》为题，报道了树人少科院的科学之梦。其获奖证书和展板如图3-2-1所示。

第三章 实践成果的秘密

图 3-2-1

一、活动背景

梦想是石,敲出星星之火;梦想是火,点燃熄灭之灯;梦想是灯,照亮夜行之路;梦想是路,引你走向黎明。少年智,则国智,其核心是科学;少年强,则国强,其内涵是科技;少年梦,是中国梦,其目标是科学梦。

作为扬州的莘莘学子,我们将以怎样的精神面貌和方式去圆上科学梦呢?我们成立了树人少年科学院"科学梦"课题组,开展"种下与大院士同样的科学梦"的科技实践活动。

二、活动目标

以树人少年科学院为载体,结合中国科协教育部中央文明办共青团中央关于开展"创新在我身边——2014年青少年科学调查体验活动"的通知要求,围绕"北京寻梦、院士寄梦、树人筑梦、成长圆梦"四个篇章开展本活动。

让学生在围绕信息技术、航天技术、生物技术、环境保护等社会热点领域而开展的调查体验活动中增强沟通力,丰富想象力;在开展小发明、小制作、小创造的体验活动中,发展思维力,提高创造力;在围绕学习科学知识、掌握研究方法、搜集整理相关资料等活动中,培养研究力,锤炼学习力;在参加各级各类的科技竞赛活动中提高竞争力,提升创新力。

三、活动计划

1. 活动时间

2014年1月～12月。

2. 活动地点

校内：科技活动室、图书馆、实验室、微机房、小院士工作室等。

校外：树人少年科学院校外实践基地、扬州市青少年活动中心、扬州市少年宫、扬州大学实验室等。

3. 参与对象

树人少年科学院62个研究所中参加"小院士"课题研究的所有学生，计624人。涉及两个校区，初中三个年级，94个班级。

4. 活动准备

(1) 成立课题研究小组

根据学生的爱好特长，以自愿结合为原则，在每个研究所中成立有明确目标的课题研究小组。全校申报到树人少年科学院备案的有102个课题研究小组，完成发明创造课题25个，科学探究课题41个，社会调查课题36个。

(2) 开展校本课程培训

为了提高课题研究的深度和质量，我们利用每周星期五下午第四节校本课程时间，围绕发明创造、科学探究、社会调查这三个课题类型，进行专题培训。

四、活动过程

1. 北京寻梦

2014年的1月和12月，树人少科院先后两次组成寻梦队伍，相会北京，寻找科学梦。

(1) 参加第九届中国少年科学院"小院士"课题研究论文答辩展示活动

2014年1月3日至6日，树人学校组成32人的寻梦队伍，带着28个研究课题，参加中国少年科学院第九届"小院士"课题研究成果答辩展示评比活动。经过论文初选、科学素养测评和论文答辩展示这三个环节的角逐，取得了丰硕的成果。12个课题研究成果获得全国一等奖，16个课题研究成果获得全国二等奖。其中车京殷的《电动自行车安全温控防爆充电器》进入全国总分前十名，荣获全国"十佳小院士"称号。如图3-2-2所示，车京殷走上北京大学百年讲堂的领奖台，从大院士滕吉文的手中捧回奖杯和证书；申一民等12位作为获得一等奖的课题主持人，当选为中国少年科学院"小院士"；高静洋等20位当选为预备小院士。

图 3-2-2

(2) 参加 2014 年国际青少年创新设计大赛中国区复赛

2014 年 12 月 9 日至 10 日,我校 21 位学生组成了树人队、太极队和运河队三支代表队,参加了在北京大学举行的国际青少年创新设计大赛中国赛区复赛。经过设计承重测试和创意故事展示两个环节的激烈角逐,我校获得了团体一等奖的奖杯,运河队获"最佳影片奖",学校获"优秀组织奖"。谢镕安等 7 位学生荣获中国区复赛个体一等奖,周昱杨等 14 位学生荣获中国区复赛个体二等奖,如图 3-2-3 所示。

图 3-2-3

2. 院士寄梦

扬州市有扬州籍大院士74人,其中从扬州中学走出的大院士就有46人。树人学校凭借这一优势,邀请大院士来我校与小院士们面对面,讲述他们为科学梦而奋斗的励志故事、传奇经历和人生态度,分享他们的科学梦,如图3-2-4所示。

图 3-2-4

（1）从数学家祁力群院士的成长经历中品味科学梦

2014年2月12日清晨,我国著名数学家、老校友祁力群院士来到我校南门街校区,与全体师生一同参加升旗仪式。少先队员代表为嘉宾佩戴红领巾、献上鲜花,全场响起热烈的掌声。接着祁力群先生发表了质朴真诚的讲话。他深情回顾了自己从树人堂出发,怀揣理想与信念扬帆远航,走进清华,走向世界的经历。他尤其动情地介绍了自己在西北兰州十年的艰苦经历。他始终把信念当生命一样看重,始终不懈地追求,实现自己的理想,为中华民族争得了荣誉。他以老校友、老一代少先队员的身份勉励树人学子树立报效祖国的大志,并为此勤奋学习、坚持终生。升旗仪式结束后,祁力群院士还和小院士们进行了亲切的交谈,并欣然为大家题字留念,如图3-2-5所示。

图 3-2-5

(2) 从火箭专家龙乐豪院士的励志故事中感悟科学梦

2014年5月15日下午,江苏省教育厅和科协组织的院士专家校园行来到了我校,全体同学汇聚报告厅,怀着激动、憧憬的心情倾听了中国工程院院士、航天科学家龙乐豪教授的航天知识科普讲座《我和共和国的火箭事业》。深奥的知识被龙院士用轻松、易懂的语言讲述;结合精心准备的视频动画,深入浅出,化抽象为具体。龙院士在讲授知识的同时,也不忘分享了几个激励我们探究科学的励志成长故事。精彩的讲座赢得了同学们阵阵掌声,让同学们对航天知识产生了更浓厚的兴趣。小院士们主动走上主席台,与龙院士合影留念。龙院士还兴致勃勃地参观了美丽的九龙湖校区,如图3-2-6所示。

图3-2-6

(3) 从播放何祚庥等院士的报告视频中领略科学梦

在树人少年科学院的成立大会上,扬州何园的后人,中科院何祚庥院士作为树人少年科学院的顾问应邀为树人少年科学院揭牌、给我校4位首批"小院士"颁发证书和徽章,还作了《做人做事做学问》的报告,如图3-2-7所示。该报告十分贴近学生,所以我们每年都将报告的录像播放给树人少年科学院的小院士们观看。我们还将程顺和、林群、陈渊鸿等院士来我校作的励志报告视频在科技节期间播放,激发学生的科学梦。

图3-2-7

(4) 从设立的大院士墙中彰显院士们的科学梦

在学校教学楼的显眼位置——门厅的南北墙上设立"大院士墙"和"小院士墙",在院士墙的中央架设56寸彩色电视机,滚动播放大院士的科技人生和小院士的科技作品,以激励学生自觉、自信地走上科技创新之路,如图3-2-8所示。它已经成为学校立德树人的一个品牌,对外展示办学特色的一个窗口。

图 3-2-8

3. 树人筑梦

如何为学生的成才奠基,怎样使自己的梦想成真?树人少年科学院是个良好的载体。它是一个诱人筑科学梦的地方,从 2009 年成立树人少年科学院至今,已经培养出 36 位中国少年科学院的"小院士"。比如小院士李沐,他有 40 多项小发明、6 项专利,成为第六次全国少代会的正式代表。又如小院士刁逸君,他有 60 多项小发明、7 项专利,获第七届中国青少年科技创新奖,成为江苏省青少年发明家,央视新闻频道的《太空课堂》播出了刁逸君的创新事迹。还有如张辛梓、崔师杰等在省内外的科技发明中都有一定知名度的小院士。学校利用树人少年科学院这个平台,为学生的成才搭建好筑梦舞台。

4. 成长圆梦

(1) 开展"发明在我身边"的发明创造活动:激发学生的创造动力,呈现了一系列的发明成果。

(2) 开展以"我为扬州出力"为主题的调查体验活动:我们结合中国科协、教育部、中央文明办、共青团中央关于开展"创新在我身边——2014 年青少年科学调查体验活动"的通知精神,开展了以"我为扬州出力"为主题的调查体验活动,呈现了不少为扬州发展建言献策的调查报告。

(3) 开展以"探究伴我成长"为主题的课题研究活动:我们结合中国少年科学院一年一度的"小院士"课题研究成果展示与答辩活动,开展了以"探究伴我成长"为主题的探究活动,发现了不少以实验探究为主要特点的小论文。

五、活动评价

本活动的学生参与面广,有 624 多人,占全校初中部学生总数的 20% 左右;学生积极性高,社会影响力大。《扬州晚报》记者蒋斯亮采访了我校的小院士,以整版篇幅,对树人少年科学院开展"种下和'大院士'一样的科学梦"科技实践活动的情况作报道,江苏电视台《纵横江苏》栏目组也对此采访并报道,如图 3-2-9 所示。

图 3-2-9

学生还进行总结汇报,对整个活动过程中的表现和成果进行反思。我们注重对学生个体和学生对本活动的双向评价,让学生在评价中自我提升。

1. 对学生个体的评价

采取他评与自评相结合的方法,让教师对学生、学生对学生、学生对自己进行评价。主要评价该学生参与本次活动的态度,在活动中所获得的体验情况,实践的方法、技能的发挥情况,学生创新精神和实践活动能力的发展情况。每个学生至少都参加了"我为学校作贡献"为主题的金点子活动和江苏省 2014 年金钥匙科技竞赛。活动共收到学生的课题研究论文 356 篇,涉及学生 503 人,其中 312 篇论文获年级部等级奖,224 篇论文获学校等级奖,有 108 篇论文获江苏省或全国等级奖。经过综合评定,参加本活动的 624 人中有 229 人获优秀,346 人获良好,49 人合格,优秀率达 37%。

2. 学生对活动的评价

让学生从组织者的角度对活动的可行性、实用性、普及性、提高性、创新性、完整性、教育性等方面进行评价,充分体现学生在活动中的主体作用。不少学生认为本活动围绕科学梦,进行科技实践活动,具有可行性和实用性。不少学生从普及与提高的辩证角度进行评价,认为本活动的开展具有普及性,因为活动中的每个细节能充分顾及参与活动的所有学生,对相关知识的要求不高,符合初中学生的理解深度和接纳程度。不少学生认为本活动的开展具有提高性,为参加江苏省乃至全国的科技创新大赛奠定了厚实的基础。也有学生认为本活动"北京寻梦→院士寄梦→树人筑梦→成长圆梦",使本活动逐步完整,具有创新性、完整性和教育性。

六、参考资料

1. 习近平在两院院士大会上的讲话。
2. 江苏省教育厅、科协组织实施的"青少年科技创新人才早期培养计划"。

3. 中国科协、教育部、中央文明办、共青团中央关于开展"创新在我身边——2014年青少年科学调查体验活动"的通知。

成果三 "探寻扬州古运河"科技实践活动

树人少年科学院小院士科技实践活动共同体

指导老师　方松飞

活动时间　2011年10月～2012年12月

该成果荣获全国青少年科技创新大赛二等奖,全国十佳科技实践活动奖以及江苏省青少年科技创新大赛一等奖。其证书和展板如图3-3-1所示。

图3-3-1

一、活动背景

扬州是世界上最早的,也是中国唯一的与古运河同龄的"运河城"。从历史的角度说,没有古运河,就没有扬州城;古运河的兴衰史,也就是扬州城的兴衰史。古运河孕育了扬州城市,贯通了扬州湖河,扩大了扬州地域,格局了扬州街巷,拉动了扬州经济,奠基了扬州文化。作为扬州的莘莘学子,我们深感荣幸和责任,自发地成立了"运河扬州"课题研究共同体。开展"探扬州古运河、做申遗小主人"的科技实践活动,为保护运河环境、传承运河文明、推广运河文化献计献策。

二、活动内容

1. 对比分析,探索世界的运河之源。2. 阅读专著,了解运河的发展历史。

3. 网上搜索,知道扬州的兴衰变化。4. 查找资料,传承古老的运河文化。
5. 登门拜访,认识入榜的遗产传人。6. 骑车采风,收寻浓郁的风土人情。
7. 乘船游览,欣赏沿岸的人文景观。8. 徒步毅行,察看申遗的重要景点。

三、活动过程

1. 设计方案

(1) 确定活动主题名称:"探寻扬州古运河"科技实践活动。
(2) 落实活动人员、时间:60 名七、八年级学生;2011 年 10 月~2012 年 12 月。
(3) 成立课题研究小组:成立 8 个研究小组,如表 3-3-1 所示。

表 3-3-1 课题研究小组一览表

小组	年级人数	研究目标与内容	研究方法
1	七年级 3 人	探索世界的运河之源	对比分析
2	七年级 6 人	了解运河的发展历史	阅读专著
3	七年级 8 人	知道扬州的兴衰变化	网上搜索
4	七年级 8 人	传承古老的运河文化	查找资料
5	八年级 8 人	认识入榜的遗产传人	登门拜访
6	八年级 9 人	收寻浓郁的风土人情	骑车采风
7	八年级 9 人	欣赏沿岸的人文景观	乘船游览
8	八年级 9 人	察看申遗的重要景点	徒步毅行

(4) 进行校本课程培训:我们对参加课题研究的学生,以校本课程的形式,就上述 8 个小课题,围绕收集资料、研究方法、论文撰写等内容进行专题培训。

2. 分组研究

我们以课题研究小组为单位,先分后合,采取对比分析、阅读专著、网上搜索、查找资料、登门拜访、骑车采风、乘船游览、徒步毅行等方法,围绕"运河之源""运河之史""运河之城""运河之魂""运河之智""运河之慧""运河之美""运河之秀"等专题开展了丰富多彩的研探活动。

一探运河之"源"——邗沟

所谓运河,是指用以沟通地区或水域间水运的人工水道,通常与自然水道或其他运河相连。追根溯源,谁是世界大运河之"源"? 这个"源"要满足三个条件:一是世界级的,书籍上有记载的;二是大运河,不是小运河;三是开挖至今没有断流过的。为此,我们查阅资料,了解到世界最著名的运河有三条:有连接北方和南方的中国京杭大运河、连接地中海和红海的苏伊士大运河、连接大西洋和太平洋的巴拿马大运河。

1. 中国京杭大运河

京杭大运河是我国古代劳动人民创造的一项伟大工程,是祖先留给我们的珍贵物质和精神财富,是活着的、流动的重要人类遗产。它北起北京,南至杭州,经北京、天津两市及河北、山东、江苏、浙江四省,沟通海河、黄河、淮河、长江、钱塘江五大水系,全长1 794千米。它肇始于公元前486年的春秋时期,形成于隋代,发展于唐宋,最终在元代成为纵贯南北的水上交通要道。在两千多年的历史中,大运河为我国经济发展、国家统一、社会进步和文化繁荣作出了重要贡献,发挥着巨大作用。

2. 苏伊士大运河

位于埃及境内,扼欧、亚、非三洲交通要道,沟通红海与地中海,使大西洋、地中海与印度洋连接起来,大大缩短了东西方航程。与绕道非洲好望角相比,从欧洲大西洋沿岸各国到印度洋缩短5 500至8 000千米;从地中海各国到印度洋缩短8 000至10 000千米;对黑海沿岸来说,则缩短了12 000千米。苏伊士运河全长190千米,河面平均宽度为135米,平均深度为13米。苏伊士运河从1859年开凿到1869年竣工。它是一条在国际航运中具有重要战略意义的水道。

3. 巴拿马大运河

位于美洲巴拿马共和国的中部,横穿巴拿马地峡。它是沟通太平洋和大西洋的著名国际运河。巴拿马运河从1880年起开凿,1914年完工。巴拿马运河全长81.3千米,水深13米至15米不等,河宽150米至304米。运河设有双向船道,每条船道设置3座船闸。船舶通过运河一般需要9个小时,可通航76 000吨级轮船。1920年起成为国际通航水道,使两大洋沿岸航程缩短5 000至10 000多千米。

【探究结论】 中国大运河是世界上里程最长、工程最大、开挖时间最早、开挖至今没有断流过的运河。它比巴拿马运河早2 400年,比苏伊士运河早2 355年。世界大运河之源在中国的扬州,是公元前486年吴王夫差开凿的邗沟。

二探运河之"史"——2 500年

要认识扬州古运河,首先必须了解扬州古运河的发展史。要了解扬州古运河的发展史,必须从中国大运河的形成中去认识才深刻,因为扬州古运河是中国大运河的源头。要从源头说起,就得从相关的书籍资料中去查找、去研探。于是我们拜读了王虎华编著的《扬州古运河》一书,查找了相关的史籍资料,知道中国大运河的形成和发展经历一个由小到大至盛衰变化的过程。

1. 春秋战国

惜墨如金的《左传》只写了7个字:"吴城邗,沟通江淮。"记载了吴王夫差开凿邗沟。史书上用"举锸如云"来形容当时开挖邗沟的场面。吴国士兵们挥舞的铁锹像天上的云彩一样连成一片,其壮阔热烈可想而知。如今扬州地盘上的邗国被吴国吞并,吴国疆域的北界大致在淮、泗一线,其中包括长江以北的千里沃野。虽然长江与淮水之间遍布湖沼水泊,却没有一条内河水道可以通达。这对吴国北上征战,争霸中原,很是不利。于是在公元前 486 年,夫差开始筑城、挖河,大运河的第一锹就在扬州开挖。据郦道元的《水经注》记载,邗沟的路线大致是:南引长江水,再从如今观音山旁的邗城西南角,绕至铁佛寺稍南的城东南角,经螺丝湾、黄金坝北上,穿过今高邮南 15 千米的武广湖与陆阳湖之间,进入距今高邮西北 25 千米的樊良湖,再向东北入今宝应东南 30 千米的博芝湖、宝应东北 30 千米的射阳湖,出湖西北至山阳以北的末口,汇入淮水。因为利用天然湖泊以减少人工,所以邗沟线路曲折迂回,全长 200 余千米。据《扬州文化志》记载,扬州遗存的古邗沟长约 1 450 米,宽 50 至 60 米,中段有清修石桥"邗沟桥",如图 3-3-2 所示。

图 3-3-2

2. 西汉时期

刘濞曾对运河作出过重大贡献,他开挖了著名的"茱萸沟",该沟西起扬州东北茱萸湾的邗沟,东通海陵仓及如皋磻溪,使江淮水道与东边的产盐区连接,在运盐和物资运输方面发挥了重要作用。茱萸沟亦名邗沟,又名运盐河,是后来通扬运河的前身,大体为今老通扬运河西部河段。汉朝政府对邗沟也进行了整修,建安二年至五年(197—200),广陵太守陈登鉴于邗沟曲折迂回、舍近求远,对它作了改道与疏通。陈登对邗沟动了大手术,拉直了原樊良湖至末口的弯曲水道,大大便利了航行交通。史书上将这一工程称作陈登穿沟。人们习惯于把这条渠道称作邗沟西道,将原河称作邗沟东道,如图 3-3-3 所示。

图 3-3-3

3. 三国两晋

邗沟处在魏、吴交界处,属于争战之地。曹魏也曾对邗沟进行了一些改造。邗沟西道从樊良湖到津湖基本上利用天然湖泊航行,风急浪高,直接威胁航行的安全。西晋永兴初(304—306),为了确保通航,人们便在樊良湖东侧凿了一条人工水道,直通津湖(界首湖);接着在津湖的东南口,沿津湖东岸开凿了一条长 20 里的人工渠道,使邗沟避开了津湖风浪之险。从此,邗沟西道中段全改为人工渠道,航行条件明显改善。到了东晋时,江都(今扬州)城南沙洲淤涨,长江南移,造成邗沟至长江的出水口被堵。

于是，东晋永和年间(345—356)邗沟南段改修，自今仪征境内的欧阳埭引长江水，向东行至今三汊河、扬子桥，北上广陵。这条长达60里的新渠，便是仪扬运河的前身。

4. 隋朝时期

大业元年(605)，隋炀帝杨广即位第一年就修造通济渠。同年又改造邗沟。大业四年，又征发河北民工百万开凿永济渠以供辽东之需。610年沟通长江、黄河。至此，隋炀帝前后用了六年的时间，开凿大运河的工程基本完成。这些渠南北连通，就是历史上有名的京杭大运河。大运河从北方的涿郡到达南方的余杭，南北蜿蜒长达五千多里。大运河以余杭、洛阳、涿郡为三点，江南河、邗沟、通济渠、永济渠四段，将钱塘江、长江、淮河、黄河、海河五大水系连接起来，如图3-3-4所示。

图 3-3-4

5. 唐宋时期

唐代对邗沟有五次规模较大的整修。开元二十五年(737)，润州刺史齐浣将江南漕路移到京口塘下，直渡对岸的瓜洲。而在瓜洲至今三汊河之间开凿新河，即伊娄河。北宋景德年间(1004—1007)，制置江淮等路发运使李溥利用回空的运粮船，从泗洲运载石头，放到高邮军的新开湖中，形成长堤，把湖与运河分开，使漕船免受湖水风涛之害。南宋绍熙五年(1194)，黄河在阳武决口，洪水南下，夺淮入海，淮河不能容纳，于是形成了洪泽湖、高宝湖。淮东提举使陈损之为了保证里运河水不至于泛滥，旱不至于干涸，特地兴筑当时的扬州江都县至楚州淮阴县堤堰360里。

6. 元明时期

1283年到1293年，元世祖忽必烈以其雄才大略，确定了新的运河线路，打通了京杭大运河。从杭州一路北上，可直抵通州，实现了海河、黄河、淮河、长江、太湖、钱塘江六大水系的一脉相连，这就是后人通称的京杭大运河。京杭大运河的开通，使元大都得以繁荣，成为著名的世界大都会。明永乐十三年(1415)，治理淮扬间运河。明万历二十五年(1597)，扬州城南运河因河道顺直，水势直泻难蓄，漕船、盐船常常搁浅，知府郭光于是开挖城南宝带河。新河自城南门二里桥河口起，折弯向西，再折向东，迂回六七里,形成著名的运河三湾,即宝塔湾、新河湾和三湾子。

7. 清朝民国

乾隆后期,尤其是嘉庆、道光以后,朝政混乱,官吏腐败,疏于河工,大运河的艰涩日甚一日。咸丰三年(1853)开始,部分漕粮改由海运至天津。同治年间(1862—1874),漕粮改以海运为主,仅十分之一仍由河运。轮船、铁路运输兴起后,河道漕运的意义逐渐失去。清光绪二十七年(1901)运河漕运停止。到民国年间,运河只能分段通航了。

8. 1949年以来

新中国成立以后,古运河回到了人民的怀抱,进行了疏浚河道、驳岸整治、沿河截污、景观改造,借助亭台轩榭、石栏绿柳,营造沿河古典园林景观。1998年4月,扬州市委、市政府决定实施古运河城区段综合整治工程,恢复、提高了河道送水和沿线挡洪能力,提升了沿河两岸景观和文化内涵;实施京杭运河"三改二"工程,建设绿化风光带;新建大王庙广场、五台胜境广场等沿河绿化广场,修缮保护运河周边吴道台宅第、卢氏盐商大宅、盐宗庙、南门遗址等一批历史文化遗存;改造提升了二道河、宋夹城河景观,开通了古运河、二道河等水上游览线;通过园区建设,将近百家企业迁离了运河岸边,投资7亿元建设了15个防污治污项目。尤其是2007年扬州成为中国大运河"申遗"工作的牵头城市以来,实施古运河城区段综合整治工程,先后清淤128万立方米,搬迁居民3 200多户,沿河100多家工厂退城进园。拆迁房屋近50万平方米,新建绿地100万平方米,绿化覆盖率达到80%,如图3-3-5所示。

图 3-3-5

【探究结论】

1. 中国大运河的第一锹就在扬州开挖,距今已有2 500年的历史。夫差的功绩是开邗沟、筑邗城,刘濞的功绩就是开启了以水兴盐、以盐兴城的历史。对中国大运河作出最大贡献的是隋炀帝,他下令开挖修建的大运河,将钱塘江、长江、淮河、黄河、海河连接了起来。忽必烈的功绩是打通了京杭大运河,实现了海河、黄河、淮河、长江、太湖、钱塘江这六大水系的一脉相连。新中国成立以后,古运河回到了人民的怀抱,治河

为民,提高了河道送水和沿线挡洪能力,提升了沿河两岸景观的文化内涵。

2. 从春秋初期开挖邗沟至今,运河的名称随着规模的大小、朝代的差异、用途的不同而发生变化,春秋至汉叫"沟",如:邗沟、茱萸沟等;隋朝称"渠",如:通济渠、永济渠等,有灌溉之意;唐代以后逐渐改称为河或运河,如:伊娄河、扬楚运河、京杭大运河等,有航运之意。

三探运河之"城"——扬州

运河之"城"是扬州,扬州是唯一与中国古运河同生共长的城市。古运河对扬州城的诞生和成长,对扬州文化的发展和繁荣,都具有无可替代的重要意义。从公元前486年吴王夫差开始筑城、挖河至今已近2 500年。2014年,扬州举办了建城2 500年的庆典活动。

1. 夫差筑城

公元前486年,长江北岸这片芦荻萧萧的大地上,打败了越王勾践的吴王夫差企望问鼎中原,于是吴国人"举锸如云",在挖掘一条沟渠以运输辎重的同时开始修建一座城池,作为北上参与中原逐鹿的跳板。这座城市叫邗城。沿袭发展,不同时期有了不同的名字:广陵、江都、邗江、维阳,到现在叫扬州。

2. 西汉兴盛

最早的繁华始于汉代前期,那时的扬州已出现"即山铸钱,煮海为盐,歌吹沸天"的盛景。汉代的扬州被称作广陵,吴王刘濞设都城于广陵城,并开挖了茱萸沟运河。建安二年至五年,广陵太守陈登鉴于邗沟曲折迂回、舍近求远,对它作了改道与疏通,拉直了原樊良湖至末口的弯曲水道,大大便利了航行交通,促进了广陵城的兴盛与发展。

3. 隋唐鼎盛

隋炀帝以扬州为中心,在邗沟的基础上南延北扩,全线开凿大运河,最终连通海河、黄河、淮河、长江、钱塘江五大水系。扬州扼守着长江、运河两条水运大动脉的交会之处,成为全国水运枢纽,促进了运河两岸城市的发展,导致当时江都的兴盛。到唐代,南北大运河的航运开始兴盛,扬州成为四方商贾云集的宝地,是当时东南第一大都会、世界上对外开放的四大港埠之一,造就了"扬一益二"的真实神话。一时间,"广陵为歌钟之地,富商大贾,动愈数百"。鉴真东渡日本是从扬州出发的。日本数百名求法的僧人也都在扬州登陆。波斯、大食等来中国贸易的阿拉伯商人在扬州随处可见。唐代最繁华的商业街东关街和渡口东关古渡等,也无不印证了当时扬州的鼎盛。

4. 清代极盛

清代"康乾盛世"时,盐运和漕运的发达使扬州又一次进入极盛时期、经济繁荣、富可敌国。从1684年到1784年的一百年间,康熙、乾隆帝都曾六下江南,都经过扬州并多次在扬州驻跸。扬州聚集了一大批盐商粮贾,推动了服务业、建筑业、手工艺和文化事业的繁盛与兴旺。在19世纪初,世界10个拥有50万以上居民的城市中,中国有6个,而扬州列北京、江宁(南京)之后位居第三。

5. 今日辉煌

悠悠流淌的古运河,不仅孕育了扬州沉淀千年的独特历史人文气质,更见证了古城扬州翻天覆地的变化,如图3-3-6所示。今日扬州管辖广陵、邗江、江都3个区和宝应1个县,代管仪征、高邮2个县级市。全市共有71个镇、5个乡和13个街道办事处。全市总面积6 634平方公里,其中市辖区面积2 310平方公里;全市总人口约460万人,是联合国人居奖城市、全国文明城市、国家森林城市、国家环境保护模范城市、中国和谐管理城市、首批中国历史文化名城、国家卫生城市、国家级生态示范市、全国双拥模范城。按照"护其貌、美其颜、扬其韵、铸其魂"的保护思路,扬州全面展示古城、古运河和瘦西湖"两古一湖"的城市风貌,先后建成润扬大桥、火车站和扬州泰州机场,加速融入上海"一小时都市圈""宁镇扬半小时城市群",正规划轨道交通与南京、镇江实现"无缝对接"。

图3-3-6

【探究结论】

1. 扬州见证了大运河的诞生与发展,大运河也哺育了古城扬州。扬州与古运河同生共长,同兴共荣。经历了夫差筑城、西汉兴盛、隋唐鼎盛、清代极盛,孕育了扬州的物质文明,并且孕育了扬州包容、进取的人文精神。

2. 今日扬州正在抓住历史机遇,提升城市品位,张扬城市个性,保持传统特色,创建世界名城。古城复兴与新城崛起相得益彰,"人文、生态、宜居"的特色不断彰显,历史文化在新扬州的现代文明中得到了延续和发展。

四探运河之"魂"——文化

扬州城因河兴,河因城美,当今的扬州站在新的历史起点上,千百年来传承下来的运河文化仍然是我们城市走向繁荣的力量源泉。文化乃是扬州的运河之魂。

1. 水文化

运河水系孕育了扬州城市，贯通了扬州湖河，扩大了扬州地域，格局了扬州街巷，缔造了扬州繁华。文人墨客留下了不少诗篇。如王安石的"京口瓜洲一水间"、初唐诗人张若虚的"春江潮水连海平，海上明月共潮生……江畔何人初见月？江月何年初照人……"的意境无不折射出扬州古运河的水文化。扬州人曾经用运河之水漕运、盐运、农田灌溉、水场养殖以及捕捞打鱼，创下了昔日的辉煌。今天，扬州人又开出了古运河水上游这条旅游线，更显现其独特的水文化价值。从东关古渡乘上小船沿着"乾隆水上旅游线"悠悠地向蜀岗瘦西湖风景区荡去，加上万紫千红、各怀绝技的船娘那映衬扬州水文化的美妙歌声，已成为古运河的新名片。尤其是2007年扬州成为中国大运河"申遗"工作的牵头城市以来，成功地举办了六届"中国·扬州世界运河名城博览会"，并承办第二十五届世界运河大会，把扬州建设成为古代文化与现代文明交相辉映的名城。具有扬州特色的花船在古运河巡游，为运博会增添了独特的扬州风情，更是将源远流长的扬州古运河的水文化融入了国际，如图3-3-7所示。

图3-3-7

2. 桥文化

扬州的桥太多太美，且富于美丽的传说。明月箫声二十四桥、文武到此下马桥、春灯夜宴小市桥、禅智迷雾月明桥、津渡要塞扬子桥、花团锦簇开明桥、彩楼香亭迎恩桥、邗上文枢文津桥、仙鸟飞落凤凰桥、几时停杯问月桥、诗文修禊大虹桥、园林奇葩五亭桥、烟雨最疑春波桥、将军亲定公道桥、惨案惊心万福桥、桑梓情深大荣桥、琼花巷头解放桥、铭师百万渡江桥……无不彰显桥文化的魅力，为扬州赢得了桥城的美誉。扬州的桥是一首诗，它书写了扬州的辉煌历史，一部将古代文化与现代文明交相辉映的历史。扬州的桥是一幅画，人从桥上走，水在桥下流，桥桥能相望，桥桥善相连，粉墙风动竹，水巷小桥通。桥是扬州这座城市的脊梁，体现着扬州生命活力的脉搏。桥使扬州这座水的城市更加灵动、更有风情，也使扬州更显精致，扬州人更为幸福。扬州桥的最大特点是桥上置亭，既游览休息又遮阳避雨；多个亭连成廊，就是廊桥；多个亭独立设置，便是亭桥，如图3-3-8所示。

一亭的迎恩桥具有皇家气息　　二亭的渡江桥上长长的廊亭　　三亭的通江门桥飞檐翘角

四亭的解放桥四角上的亭子遥相呼应　　五亭的五莲花桥如朵莲花盛开

图 3-3-8

3. 寺文化

寺庙是我国的艺术宝库,它是我国悠久历史文化的象征。寺庙文化已渗透到扬州的各个方面,如天文、地理、建筑、绘画、书法、雕刻、音乐、舞蹈、文物、庙会、民俗等。其中的高旻寺位于扬州市南郊古运河与仪扬河交汇处的三汊河口,是国家重点保护寺院,也是驰名中外的清代扬州八大名刹之一。仙鹤寺是我国四大清真寺院之一,是江苏省文物保护单位,也是扬州著名景点之一。大明寺位于蜀冈中峰。初建于南朝刘宋孝武帝大明年间而得名。唐天宝元年,鉴真东渡日本前就在此传经受戒,该寺因此名闻天下,有扬州第一名胜之说,如图 3-3-9 所示。

高旻寺　　　　　　　　仙鹤寺　　　　　　　　大明寺

图 3-3-9

4. 饮食文化

扬州是淮扬菜的中心和发源地,其所采选的时鲜用料、展示的纯熟工艺、体现的养生理念、创建的独特风味,正是中国烹饪以味为核心,以养为目的这一本质特征的体现。淮扬菜系越来越受到推崇和青睐,如图 3-3-10 所示。

| 狮子头 | 蟹黄蒸饺 | 桂花糖藕粥 |

| 四喜汤团 | 中堡醉蟹 | 罗汉斋 | 桂花白果 |

图 3-3-10

淮扬菜系的延伸拓展,还体现在扬州的十大名点、十佳风味小吃、十佳特色小吃、五名冷菜、五名素菜、五名甜菜等。扬州人早起喜欢到茶楼喝茶,吃一笼灌汤包,啜着浓浓的汤汁,嚼着醇香的肉馅。扬州人晚上喜欢把自己泡在浴盆中,浴个热水澡,洗去一天的尘埃和疲劳。这就是扬州人"早上皮包水,晚上水包皮"的文化。

5. 盐商文化

扬州的盐商常常兴办学校、结交文人、招致名士、收买字画、收藏名物、扶助贫士、刊刻贮藏图书。这些文化活动从主观上是为了满足他们对社会地位的心理追求或个人的学术爱好,但客观上推动了扬州文化的一度繁荣。由于盐商们的厚实财力、热情邀请、真诚相待、众多的藏书、舒适的条件等多方面的原因,身边集结了一批又一批的文人,其中不少是名盛一时的学者、诗人、画家。正是由于盐商们的召集与资助,使得他们在一种无忧的环境下舒畅地生活和全心地创作,也使得扬州形成了自己的画派和学派,文化显示出了空前的繁荣。扬州涌现了一批名垂千古的作品与著作,为后人积累了极丰富的精神文化遗产,也成为今日扬州的宝贵历史文化财富。散落在老城的盐商旧宅有:丁家湾许氏盐商故居、青莲巷周氏盐商故居、韦家井马氏盐商故居、华氏盐商故居、国庆路诸氏盐商故居、地官第丁氏盐商故居、东圈门何氏盐商故居、永胜街魏氏盐商故居、粉妆巷刘氏盐商故居、广陵路毛氏盐商故居、大武城巷贾氏盐商故居等,如图 3-3-11 所示。

图 3-3-11

6. 工艺文化

古运河催生和哺育了扬州城,在孕育了丰富灿烂的物质文化遗产的同时,也培育了大量非物质文化遗产。如第一批国家级非物质文化遗产项目中的扬州雕版印刷技艺、扬州漆器髹饰技艺、扬州玉雕和扬派盆景等,如图 3-3-12 所示。

扬州雕版印刷

扬州漆器髹饰

扬州玉雕

扬派盆景

图 3-3-12

扬州雕版印刷技艺是中国雕版印刷术的典型代表,这一技艺始于唐代,以后历代都有发展,到清代达到空前兴盛。扬州曾是历代的全国印刷中心之一,清代扬州诗局奉旨刊刻的《全唐诗》,因校刻俱精而在全国产生过重大影响。扬州漆器髹饰技艺起于战国,兴于汉唐,盛于明清,其格调清新,典雅绚丽,富于东方神韵,成为中国传统漆器艺术的一个重要流派。2004 年,扬州漆器髹漆饰技艺被国家质检总局批准实施原地产保护。扬州玉雕工艺有着 5 300 多年的历史。扬州并不产玉,扬州玉器却在长时期里代表着中国玉器的最高水准,"和田玉,扬州工"成为流行全国的一句谚语。扬派盆景唐宋时已有制作,清代扬州广筑园林,大兴盆景,有"家家有花园,户户养盆景"之说,并形成流派。1973 年,扬派盆景与岭南派、川派、苏派、海派盆景被国家城建总局园林绿化局列为全国树桩盆景五大流派。扬派盆景技艺精湛,尤以观叶类的松、柏、榆、杨别树一帜,具有层次分明、严整平稳、富有工笔细描装饰美的地方特色,饮誉海内外。

7. 诗词文化

出生于扬州和到过扬州的诗人为数众多,知名者几乎占了唐诗名家的半数以上。李白、刘禹锡、白居易、杜牧、欧阳修、苏轼等都在扬州生活并留下过许多传世佳作。吴中四杰之一的扬州人张若虚,以一首《春江花月夜》赢得"孤篇压倒全唐"的美誉:"春江潮水连海平,海上明月共潮生。"

为送客人,李白写下了"故人西辞黄鹤楼,烟花三月下扬州。孤帆远影碧空尽,惟见长江天际流"。杜甫写下了"商胡离别下扬州,忆上西陵故驿楼。为问淮南米贵贱,老夫乘兴欲东游"。陈羽的"霜落寒空月上楼,月中歌唱满扬州。相看醉舞倡楼,不觉隋家陵树秋";刘长卿的"渡口发梅花,山中动泉脉。芜城春草生,君作扬州客。半逻莺满树,新年人独远。落花逐流水,共到茱萸湾。雁还空渚在,人去落潮翻。临水独挥手,残阳归掩门。狎鸟携稚子,钓鱼终老身。殷勤嘱归客,莫话桃源人"。刘禹锡在扬州的宴席上为白居易写下"沉舟侧畔千帆过,病树前头万木春"的名句。杜牧的"谁知竹西路,歌吹是扬州""二十四桥明月夜,玉人何处教吹箫"。王建的"夜市千灯照碧云,高楼红袖客纷纷。如今不似时平日,犹自笙歌彻晓闻"。徐凝的"萧娘脸薄难胜泪,桃叶眉长易得悉。天下三分明月夜,二分无赖是扬州"。李绅的"江横渡阔烟波晚,潮过金陵落叶秋。嘹唳塞鸿经楚泽,浅深红树见扬州。夜桥灯火连星汉,水郭帆樯近斗牛。今日市朝风俗变,不须开口问迷楼"。韦庄的"当年人未识兵戈,处处青楼夜夜歌。花发洞中春日永,月明衣上好风多。淮王去后无鸡犬,炀帝归来葬绮罗。二十四桥空寂寂,绿杨摧折旧官河"。李中的"广陵寒食夜,豪贵足佳期。紫陌人归后,红楼月上时。绮罗春未歇,丝竹韵犹迟。明日踏青兴,输他轻薄儿"。陈秀民的"琼花观里花无比,明月楼头月有光。华省不时开饮宴,有司排日送官羊。银床露冷侵歌扇,罗荐风轻袭舞裳。遮莫淮南供给重,逢人犹说好维扬",等等。

8. 小巷文化

一个城市有一个城市的风貌,一个城市有一个城市的神髓。体现扬州城市风貌、神髓的就是小街小巷,如图3-3-13所示。扬州的小街小巷不仅多而且奇特,在只有7平方公里的老城区却纵横着近600条叫得出名字的街巷。这些街巷长长短短,曲曲弯弯,首尾相连,内外相通。有的窄得只能让一人侧身而过,有的宽得能容马车通行;有的巷口虽宽,却越走越窄,

图 3-3-13

临近巷底,正当"山重水复疑无路"时,拐过一个直角弯,豁然开朗,迎来"柳暗花明又一村";有的巷子曲折迂回,不熟悉它的人走来绕去,却又回到原地,如入迷宫。这扑朔迷离的街巷,形成扬州特有的城市景观与文化。

9. 戏曲文化

扬州戏曲源远流长,影响深远。它是扬州古代文化的宝贵财富,它储存了扬州人民在不同时期政治、经济、文化、生活等各方面的信息,也反映了扬州地域文化和社会发展的历史变迁。扬州戏曲包括扬剧、扬州清曲、扬州评话、扬州弹词、扬州民歌以及扬州木偶戏等,如图3-3-14所示。

扬剧　　　　扬州清曲　　　　扬州评话　　　　扬州弹词　　　　扬州木偶戏

图 3-3-14

扬剧是在扬州花鼓戏和香火戏的基础上，吸收清曲、民歌小调发展而成的地方剧种，入选第一批国家非物质文化遗产目录。扬州清曲是中国江苏既古老又有影响力的曲艺之一，始于元，成于明，盛于清，又称广陵清曲、扬州小曲、扬州小唱等，至今有600多年历史，是第一批国家非物质文化遗产。扬州评话是以扬州方言徒口讲说表演的曲艺说书形式，形成了"书词到处说《隋唐》，好汉英雄各一方"的繁荣局面。扬州弹词表演以说演为主，弹唱为辅，讲究字正腔圆、语调韵味。扬州有木偶之乡的称誉，以"刚柔相济""细腻传神"而著称于世。

10. 园林文化

扬州园林不仅历史悠久，而且以其独特的风格在中国园林中占有重要地位。园林院落的组合处理、园林建筑的设计理念、园林水景的独特处理、园林山石的安排等方面都享誉国内外。正可谓"杭州以湖山胜，苏州以市肆胜，扬州以园亭胜"。其中尤为突出的园林有个园、何园、小盘谷、逸圃、珍园、蔚圃、徐园等，如图3-3-15所示。

| 个园 | 何园 | 小盘谷 |
| 逸圃 | 珍园 | 徐园 |

图3-3-15

个园是一处典型的私家住宅园林，山前有池水，山下有洞室，水上有曲梁。山上葱郁，秀媚婀娜，巧夺天工。洞室可以穿行，拾级登山，数转而达山顶。山顶建一亭，傍依老松虬曲，凌云欲去。山上磴道，东接长楼，与黄石山相连。春山艳冶而如笑，夏山苍翠而如滴，秋山明净而如妆，冬山惨淡而如睡的诗情画意。何园被誉为"晚清第一园"，与个园一起被国务院授予第三批"全国重点文物保护单位"。它虽是平地起筑，却独具特色。山水建筑浑然一体，有城市山林之誉，是扬州住宅园林的典型代表。小盘谷在扬州园林中有独到之处，虽占地很小，建筑物和山石也不多，但妙在集中紧凑，以少胜多，即小见大。在扬州住宅园林中，园林多半建于住宅之后，唯逸圃筑住宅左偏。大门八角形，门额上嵌"逸圃"二字刻石。珍园为清末盐商李锡珍建，园中花木繁茂，植有紫藤、睡莲、丹桂、玉兰、芭蕉、枇杷、松竹、棕榈等。徐园位于扬州市瘦西湖公园内，园中

有园是瘦西湖的特色。

【探究结论】

1. 运河的魂是文化，其中的水文化是核心。因为扬州是一座水的城市，水资源丰富，所以才有吴王夫差开凿邗沟，才有中国京杭大运河。我们要以"中国·扬州世界运河名城博览会"为平台，做好扬州古运河水文化这篇大文章，努力将扬州建成为古代文化与现代文明交相辉映的历史名城。

2. 盐商文化是运河文化中最值得自豪的部分。因为扬州盐商的影响几乎遍及扬州文化的方方面面，比如盐商的口腹之欲产生了淮扬菜，盐商的声色之需产生了扬州戏，盐商的装饰需要使玉器业和漆器业得到高度发展，盐商的安居需要使建筑术和造园术达到巅峰。这些文化艺术样式，不管以什么面目出现，不管它是烹饪、是戏曲、是工艺、是园林——都因为盐商们的消费需求，才得以存在和完美起来，从而成为我们今天引以为荣的文化艺术遗产。

五探运河之"智"——科技

运河的开挖是一项必须以倾国之力才能打造的大工程，它集中体现了中国人的聪明才智，这个"智"的最佳体现就是科学技术。它涉及古运河的设计、施工以及其他的配套工程，如冶铁业、制造业、造船业、运输业、建筑业。而大量的与运河工程密切相关的如驳岸、码头、斗门、闸坝、涵洞、桥梁、弯道等工程都必须具有很高的科技水平才能完成。可以这样说，扬州古运河是一幅水利工程画，更是一座古代科技馆。

1. 开邗沟

据《汉书·艺文志》及郦道元的《水经注》记载，邗沟的路线大致是：南引长江水，再从如今观音山旁的邗城西南角，绕至铁佛寺稍南的城东南角，经螺丝湾、黄金坝北上，穿过今高邮南30里的武广湖与陆阳湖之间，进入距今高邮西北50里的樊良湖；再向东北入今宝应东南60里的博芝湖、宝应东北60里的射阳湖；出湖西北至山阳以北的末口，汇入淮水。因为利用天然湖泊以减少人工，所以邗沟线路曲折迂回，全长400余里。吴王夫差开凿邗沟，充分利用了扬州丰富的水资源，巧妙地将长江与当时的武广湖、陆阳湖、樊良湖、博芝湖、射阳湖、淮河联系了起来，其设计思路是借力发力。古运河由南北转向东西的弯道，河道曲折，俗称为"大水湾"，为消除地面高度差，延长河道以降低坡度的办法，把这段运河开挖成弯道，是古代河工的杰出创造。

开挖运河首先得有开挖工具，史书上用"举锸如云"形容当初开凿邗沟的场面。吴国士兵们挥舞的铁锹像天上的云彩一样连成一片，其壮阔热烈可想而知。大量铁锹的使用，反映出当时冶铁技术水平已经相当成熟。开挖全长约400余里的邗沟，其工程涉及数于百万计的河工，涉及施工技术、施工管理，也反映出扬州在当时的河道施工水平堪称一流。

2. 办船场

运河的开挖,促进了造船业的发展。吴王夫差开挖邗沟,是为了北上参与中原逐鹿,而利用邗沟北上通航需要船只。由此可推断,扬州的造船业应起源于该时期,因为造船业是为水上交通提供技术装备的综合性产业。隋代的造船业更具规模,就连河南洛水的船只都要扬州制造。隋炀帝下江都,即令江都打造极为豪华的水殿龙舟达数千艘。时至唐代,扬州除了官办船场外,又掀起民间造船之风。当时扬州能造价值百万、载粮千石的大船。鉴真和尚三次东渡的船只都是在扬州打造和购买的。从 1960 年开始,扬州陆续出土古船。在唐城遗址博物馆陈列的"唐代独木舟"和扬州双博馆陈列的"唐代竞渡船",如图 3-3-16 所示。

唐代独木舟　　　　　　　　唐代竞渡船

图 3-3-16

3. 筑埭堰

船只航行,需要足够的水深和航道宽度,以及符合航行要求的水流比降,否则就会搁浅或发生事故。通过长期的实践,扬州人在运河上创建出一整套从埭堰、斗门直至船闸等人工渠化河流的过船技术设施,使运河两千多年来一直保持着畅通。早在春秋时代,人们就在运河上采取人工渠化的方法了。最早出现的设施叫做"埭"或者"堰",实际上就是拦河修筑的蓄水坝。当年吴王夫差筑邗沟时,邗沟水位即高于淮河水位。为防止邗沟水流入淮河,就在今淮安楚州北的末口筑了一道拦河大坝,取名"北神堰",阻挡了河水下泄,保持了邗沟水位的基本平衡。东晋末年,邗沟南段又连续筑有 4 座埭堰,称秦梁埭、邵伯埭、三枚埭和镜梁埭,分段节流,形成人工控制的航道。重载船只越过埭堰十分麻烦,需要反复装卸,且船只过坝是"起若凌空,投若堕井",延时费力不说,船舶和物资都易损。这迫使人们想出更好的法子来代替埭堰,于是出现了用来节制水流的水工设施——"斗门",也称"水门"。

4. 设渡口

为了方便行人渡船,在古运河上设立了渡口,如瓜洲古渡和东关古渡,如图 3-3-17 所示。

瓜洲古渡是古运河入长江处的渡口,历来是扬州的滨江门户。唐开元二十六年

(738)，润州刺史齐浣开凿伊娄河，由瓜洲直达扬子，与古邗沟相接。自隋至清，瓜洲一直是漕运、盐运的重要入江通道。东关古渡现在已经是运河游览线的一个终点地区。这条游览线北起瘦西湖，南到瓜洲古渡，沿途停靠瓜洲景区、高旻寺、文峰塔、龙首关、普哈丁墓园和东关古渡、双翁城及古茱萸湾等景点。

图 3－3－17

5. 搞河运

运河本是水运之河，运输是古运河的基本功能。水运依靠浮力减小了运输的成本，具体有军运、漕运、盐运、货运等。便利的水上交通为兴旺发达的运输业提供了保证，才有了"商胡离别下扬州"的景象。扬州是隋唐时期的水运枢纽，从唐代起，国内外商人们就沿着运河来到扬州，清代的扬州再次商人云集。当年马可·波罗就曾通过运河来到高邮、宝应。隋炀帝三下扬州、清康乾二帝数次南巡均由运河进入扬州。盐运、漕运为扬州的鼎盛创造了极好的机遇。

6. 建码头

水上运输必须有装卸货物或旅客的码头，而码头的设计与建造，也需要有丰富的科技知识。御码头位于明清古城北护城河北岸，天宁寺西侧，据传是清康熙帝南巡上下龙舟之处。清乾隆年间，扬州盐商于天宁寺为皇帝建造行宫，规模宏大。宫前修建御码头，乾隆帝由此登舟前往瘦西湖、平山堂游览。如今，御码头是"乾隆水上游览线"的起点。

7. 架桥梁

有河必有桥，古运河也成就了扬州桥梁技术的发展。横跨古运河的五台山大桥、便益门大桥、解放桥、跃进桥、渡江桥、三湾大桥等7座大桥彰显了扬州人的架桥技艺，每晚在万盏灯火映衬下宛如人间仙境。图3－3－18为徐凝门大桥和解放桥的夜景。

图 3－3－18

8. 兴建筑

古运河造就了扬州的繁华,也成就了扬州古建筑的辉煌。古建筑包括宫殿、陵园等。现在扬州古运河附近的多处古建筑等被公布为各级各类文物保护单位。其中何园、个园、扬州城遗址、高邮盂城驿、普哈丁墓和龙虬庄古人类遗址成为国家级文物保护单位。又如在万佛楼工程中,以传统史载为基础,以地方传统做法理念为指导,以扬州传统特色文化为背景,多项施工工艺传承了地方营造手法,同时创新技术和工艺,突出表现了专业性、艺术性、文化性。同时又强调了新旧工艺的协调性,成功解决了一项项技术难题,特别是对檐口、椽望板、戗角混凝土与木结构技术和艺术效果的处理,赢得了专家的一致好评,堪称中国仿古建筑的精品,如图3-3-19所示。

图 3-3-19

【探究结论】

古运河造就了扬州的辉煌,折射出的是扬州人的聪明才智,这个"智"具体的体现就是科学技术。凭借扬州丰富的水资源,依靠科技设计,可以借力发力,开挖了古运河;利用水的浮力,搞军运、漕运、盐运、货运等水上运输;办船场、筑埭堰、设渡口、建码头、架桥梁、兴建筑,才开创了西汉兴盛、隋唐鼎盛、清代极盛而当今辉煌的扬州。

成果四 "我与电子秤交朋友"科技实践活动

树人少年科学院小院士课题组

指导老师 崔伟 方松飞

活动时间 2016年9月~12月

该成果荣获全国青少年科技创新大赛二等奖,江苏省青少年科技创新大赛一等奖,其证书如图3-4-1所示。

图 3-4-1

一、活动背景

我校根据 2016 年全国科技活动周"创新引领 共享发展"的主题，围绕"创新、协调、绿色、开放、共享"的发展理念开展活动。少科院小院士课题组结合物理教材中用"天平测物体的质量"这一内容，将天平创新为电子秤，并在初二至高二这四个年级段开展以"我与电子秤交朋友"为主题的系列科技实践活动。

二、活动目标

1. 在学生测量比赛的基础上，对天平与电子秤的测量效果进行比较研究，重在培养学生的思维能力与操作能力。从创新的角度选择电子秤，为创新引领、共享发展提供仪器保证。

2. 通过对电子秤的创新设计，培养学生的设计能力和创新能力。并从拓展的视角，将电子秤的功能进行扩大，既能测质量，还能测力；既能测压力，还能测拉力，并发展成为电子测力计。

3. 通过对电子测力计的应用，开展制作学具的活动，并拓展提升为开展课题研究的探究仪，重在培养学生的实践能力和创造能力。

4. 利用学生制作的探究仪，开展实验探究活动，重在培养学生的实验能力和探究能力。引导学生开辟家庭实验室，由教材的定性研究转化为定量研究，如弹力和摩擦力影响因素的实验探究。并由初中的内容向高中的内容延伸，如向心力和安培力影响因素的实验探究。

三、活动方案

1. 活动人数与时间

（1）**人数**：九龙湖校区少科院学生共 96 人，其中初二、初三、高一、高二学生各

24 人,平均分成 12 个小组,每小组 8 人。

(2) **时间**:2016 年 9 月中旬~12 月底。

2. 活动阶段与内容

(1) **阶段一**:开展测量比赛,着眼一个"比"字,比谁的实践本领高。

(2) **阶段二**:进行创新设计,渗透一个"新"字,看谁的创新能力强。

(3) **阶段三**:开展科学探究,立足一个"探"字,比谁的探究水平高。

(4) **阶段四**:进行展示答辩,落实一个"辩"字,看谁的思维能力强。

3. 重难点与创新点

(1) **重点**:比较研究、创新设计、制作学具和实验探究。

(2) **难点**:变电子秤为测力计,变学具为探究仪,变定性研究为定量探究。

(3) **创新点**:① 对教材提出创新建议,用电子秤替代天平。② 用电子秤来快速测量和容器中液体和固体的质量。③ 用改进的测力计测弹力、摩擦力、斜面上的压力、分子引力、机翼举力、大气压力、向心力和安培力。④ 用自制的探究仪,定量探究弹力(初二)、摩擦力(初三)、向心力(高一)、安培力(高二)的影响因素。

四、活动过程

活动一 比较研究

1. 认识托盘天平

(1) **发明时间**:17 世纪法国数学家洛贝尔巴尔发明托盘天平。

(2) **应用调查**:实验室和科研单位。

(3) **网购价格**:图 3-4-2 所示天平每台 100 元左右。

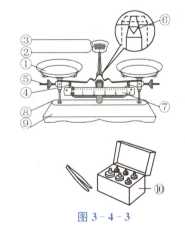

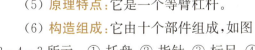

图 3-4-2

图 3-4-3

(4) **感量称量**:感量为 0.2 g,称量为 500 g。

(5) **原理特点**:它是一个等臂杠杆。

(6) **构造组成**:它由十个部件组成,如图 3-4-3 所示。① 托盘、② 指针、③ 标尺、④ 横梁、⑤ 平衡螺母、⑥ 刀口、⑦ 横梁标尺、⑧ 游码、⑨ 底座或底盘、⑩ 砝码盒和砝码。

(7) **调节步骤**：① 水平调节：将天平放在水平的工作台面上。② 横梁平衡调节：先将游码移至标尺左端的 0 刻度处，再调节横梁上的平衡螺母，使指针对准分度盘中央的刻度线。

(8) **使用方法**：在调节基础上把握四点：① 将被测物体放在天平的左盘，用镊子向右盘加减砝码。② 在加减砝码时，先估测，再由大到小的加砝码。③ 移动游码在标尺上的位置，使指针对准分度盘的中线。④ 读数：右盘中砝码的总质量与游码标尺的示数之和即为所测物体的质量。

(9) **注意要点**：① 不能测超过天平量程的质量，往盘里加减砝码时，应轻拿轻放。② 天平与砝码应保持干燥、清洁，不要把潮湿的物品或化学药品直接放在托盘里。③ 应用镊子夹取砝码，不要用手直接拿砝码。

2. **认识电子秤**

(1) **发明时间**：电子秤发明于 20 世纪的七八十年代，比托盘天平晚了近 3 世纪。

(2) **应用调查**：已经进入平常百姓家，市场几乎都被电子秤霸占。

(3) **网购价格**：网上邮购的电子秤如图 3－4－4 所示，其价格为 17 元/台。

(4) **感量称量**：感量为 0.01 g，称量 500 g。该规格电子秤价格为 37 元/台。

(5) **原理特点**：电子天平。

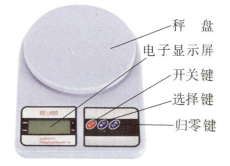

图 3－4－4

(6) **构造组成**：它包括秤盘、电子显示屏和开关、选择、归零这三个控制键。

(7) **使用方法**：① 将选择键置于 g。② 按去皮键调零。③ 将被测物体置于电子秤的秤盘上。④ 读出此时电子显示屏的示数，即为将被测物体的质量，单位为克。

3. **测量比赛**

(1) **个体比赛**：学生个人分别使用天平和电子秤，测同一个烧杯中水的质量，比较测量的时间和精度。

(2) **小组比赛**：8 个学生分别用电子秤测量烧杯中水的质量和砝码盒内一个 50 克的砝码的质量，比较测量的时间和精度。

(3) **年级比赛**：每年级挑选 6 位学生，用电子秤和天平分别测量烧杯中水的质量和砝码盒内一个 50 克的砝码的质量，比较测量的总时间和平均精度。

4. 再识电子秤

（1）**列表比较**：由上述研究结论，电子秤与托盘天平的相关比较分析如表 3-4-1 所示。

表 3-4-1 电子秤与托盘天平比较

比较内容	电子秤	托盘天平
发明时间	20 世纪的七八十年代	17 世纪中叶，比电子秤早 3 个世纪
应用调查	家庭（微型）、市场和科研单位	实验室和科研单位（分析天平）
网购价格	37 元/台（0.01 g 精度）	100 元/台（0.2 g 精度）
感量称量	感量为 0.01 g，称量为 500 g	感量为 0.2 g，为 500 g
操作情况	操作简单，使用方便	操作复杂，使用不便
功能比较	直接快速测量烧杯中水的质量	分别测烧杯以及烧杯和水的总质量
本质特征	它是电子天平，有现代气息	它是机械天平，属等臂杠杆

（2）**优劣比较**：由表 3-4-1 可知，天平与电子秤相比，除了资格老（早 3 个世纪）外并无优势可言。电子秤优势主要为：功能多、精度高、操作易、价格低、应用广、体积小、便携带、有现代气息。

（3）**再识电子秤**：① 电子秤是现代文明的产物，构造简单、操作方便、在显示屏上直接读数，家用电子秤体积很小，与手机相仿，精度很高，可达 0.01 g。② 由于它有去皮调零功能，可直接测量液体和贵重的带盒子的金银珠宝的质量。其方法是：将容器或盒子放在秤盘上并去皮，再向容器倒入液体或在盒子里放入金银珠宝，显示屏就能直接显示出被测液体或金银珠宝的质量。

（4）**发现新问题**：既然天平与电子秤相比无优势可言，为什么《物理》课本却选择天平而放弃电子秤呢？原因是课程标准的设计理念还很传统，没有与时俱进。

（5）**提出新建议**：用电子秤替代天平，让其成为教材上测质量的主要仪器。

（6）**撰写小论文**：以"电子秤，我爱你"为题，撰写小论文，并进行评比。

活动二 创新设计

电子秤不但能快速测质量，还能测量压力的大小，但不能测拉力。如何使电子秤能拓展出像弹簧秤那样测拉力的功能呢？

1. 将电子秤创新为测力计

（1）**创新思路**：在电子秤上增加一个压块，如图 3-4-5 所示。测量时，将电子秤的选择键置于 g，再将压块置于秤盘上后去皮，使电子秤归零。然后将拉力作用在压块上，显示屏上的示数基本上能说明拉力的大小。

图 3-4-5

(2) **示数转换**:由于电子秤显示屏示数的单位只是质量的单位 g,要将其作为测力计使用,还得解决单位的换算才行。学生提出两种方法,能将电子秤转化为测力计:① 建议电子秤生产厂家对电子秤的选择键中的 OZ(盎司)创新为 N(牛),使用时,只要将选择键置于 N,就可以直接从显示屏上读出力的大小。② 对单位进行换算:根据重力 $G=mg$,可知质量为 1 g 的物体受到的重力为 10^{-2} N。在读数时,只要将电子秤的单位改为 10^{-2} N 即可。测量记录时,将表格中力的单位记作"10^{-2} N"。表格中的测量数据就是电子秤显示屏的示数。

(3) **电子测力计**:通过上述转换,电子秤与压块的组合就成了测力计。学生把这种测力计命名为电子测力计。感量为 0.01 g,称量为 500 g 的电子秤转化为测力计,其感量和称量分别对应为测力计中的 10^{-4} N 和 5 N。学生还发现,测量拉力时,电子显示屏上的示数是个负数。所以,在用该电子测力计测力时,若显示屏示数为正,测的是压力,若显示屏示数为负,测的是拉力。

(4) **电子测力计与弹簧秤的比较**:弹簧秤只能测拉力,不能测压力。电子测力计既能测压力,也能测拉力,还能测质量,更能从显示屏示数的正与负,来判断是压力还是拉力或作用在秤盘上力的方向是竖直向上还是竖直向下。电子测力计的精度远高于弹簧秤,感量为 0.01 g 的电子秤转化为测力计,其感量对应为 10^{-4} N,精度是感量为 0.2 N 的弹簧秤的 2 000 倍。

2. 用电子测力计测力的大小

将上述装置与定滑轮组合,可将测竖直方向上的力转变为水平方向上的力,如图 3-4-6 示数。这样就能测量中学物理所涉及的所有力。

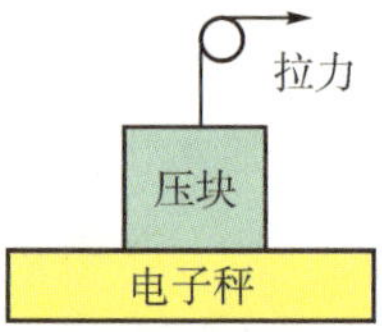

(1) **重力的测量**:根据 $G=mg$,只要将被测物体放在水平桌面上的电子秤的秤盘中,电子显示屏的示数就是重力大小,单位为 10^{-2} N。

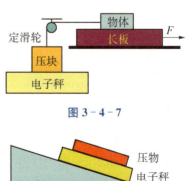

图 3-4-6

(2) **摩擦力的测量**:用图 3-4-7 所示的学具,可测滑动摩擦力 f 的大小。用力 F 向右拉长板,使其与物体之间相对滑动,它能保证物体相对静止,显示屏的示数就是摩擦力的大小。

图 3-4-7

(3) **斜面压力的测量**:用图 3-4-8 所示的学具,可以测出斜面所受压力的大小。将电子秤放在粗糙的斜面上,并归零。然后将压物放在电子秤的秤盘上,显示屏的示数就是斜面压力的大小。

图 3-4-8

(4) **弹力的测量**：用图 3-4-9 所示学具，可测出弹簧伸长时的弹力，还能测出该弹簧的劲度系数 k。在弹簧的一端固定一个指针，对齐刻度尺的某一刻度线，将电子秤的示数归零，然后使弹簧伸长 x_1，读出此时电子测力计的示数 F，则 $k_1=F/x_1$；同理测出 k_2 和 k_3，最后计算其平均，即为所测弹簧的劲度系数。

图 3-4-9

(5) **大气压力的测量**：用图 3-4-10 所示的学具，可以测出大气压力的大小。用力拉注射器的活塞杆，刚好使活塞在注射器壁滑动的瞬间，电子测力计显示屏的示数，即为大气压力的大小。若要测大气压强，只要用刻度尺测出注射器所有刻度线间的长 L，根据注射器的最大量程 V，求出注射器活塞的横截面积 $S=V/L$，由 $p=F/S$，就能求出大气压强的大小。

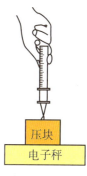

图 3-4-10

(6) **分子引力的测量**：用图 3-4-11 所示学具，可以测出分子引力的大小。将玻璃板没入水中，将电子秤归零，然后用力向下拉，使玻璃板刚好脱离水面，电子测力计显示屏的示数就是分子间引力的大小。

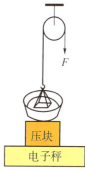

图 3-4-11

(7) **机翼举力的测量**：用图 3-4-12 所示的学具，可以测出机翼举力的大小。无风时，将电子秤归零。用吹风机吹风时，电子测力计显示屏的示数就是机翼举力的大小。

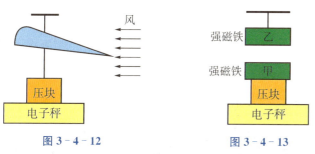

图 3-4-12

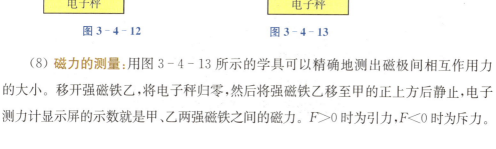

图 3-4-13

(8) **磁力的测量**：用图 3-4-13 所示的学具可以精确地测出磁极间相互作用力的大小。移开强磁铁乙，将电子秤归零，然后将强磁铁乙移至甲的正上方后静止，电子测力计显示屏的示数就是甲、乙两强磁铁之间的磁力。$F>0$ 时为引力，$F<0$ 时为斥力。

(9) **向心力的测量**：用图 3-4-14 所示的学具，可以测出向心力大小。物体静止时电子秤归零，物体随滚珠圆盘一起做匀速圆周运动时，电子测力计显示屏的示数就是向心力的大小。

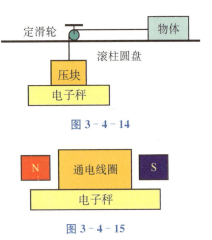

图 3-4-14

(10) **安培力的测量**：用图 3-4-15 所示的学具，可测安培力的大小。不通电时电子秤归零，通电时读出电子测力计的示数就是通电线圈受到安培力的大小。

图 3-4-15

活动三　制作学具

课题组的学生开展了学具制作成果的展示评比活动。其中测量弹力、摩擦力、斜面压力、大气压力、分子引力、机翼举力、磁力、向心力、安培力的仪器，可谓是琳琅满目。现将具有代表性的并用于实验探究的创新学具作一展示。

1. **弹力探究仪**（初二组，如图 3-4-16 所示）

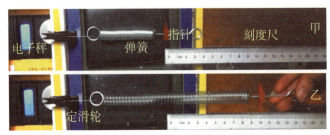

图 3-4-16

(1) **主要构件**：电子秤和压块组合而成电子测力计，用于测量弹力的大小。刻度尺与指针的组合用于测量弹簧的伸长量。将弹簧作为实验研究的对象，定滑轮用来改变力的方向，将水平方向的弹力转化为竖直方向、作用于压块上的拉力。

(2) **学具特点**：该探究仪结构简单，操作方便，适合于初二学生制作。

2. **摩擦力探究仪**（初三组，如图 3-4-17 所示）

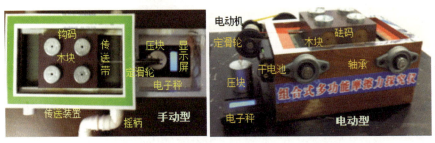

图 3-4-17

(1) **主要构件**:包括固定箱(内置电子秤、压块、节能灯、电源插头、潜望镜)、滚珠转盘、轨道槽(内置钩码箱、定滑轮、平衡物,外设刻度尺、指针)和电动机等,电动机通过支架置于轨道槽上,轨道槽置于滚珠转盘上,滚珠转盘置于固定箱上。木块利用其平面、侧面能放置钩码的圆孔,可获得不同的表面积,用来探究摩擦力是否与其接触面积有关。改变钩码的个数,能方便地改变压力的大小。木块底面用双面胶作为调换材料的中介物,将镜面纸、硬板纸、泡沫塑料、水砂纸、棉布等材料与木块连接来改变接触面的粗糙程度。

(2) **创新要点**:本探究仪的制作取材容易,电子秤可网上购置,钩码由实验室提供,其余都是利用废旧的玩具电动车、三夹板、食品盒、双面胶、布、塑料等材料制作而成。成本低、功能多、效果好,又容易加工,学生可以模仿制作,实用性强。

3. 向心力探究仪

该学具用于定量探究向心力的影响因素,如图 3-4-18 所示。

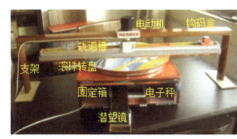 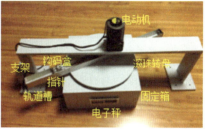

第一代　　　　　　　　第二代

图 3-4-18

(1) **主要构件**:它包括固定箱(内置电子秤、压块、节能灯、电源插头、潜望镜)、滚珠转盘、轨道槽和电动机等组成,电动机通过支架置于轨道槽上,轨道槽置于滚珠转盘上,滚珠转盘置于固定箱上。

(2) **创新要点**:用电子测力计测量向心力,精度高;将餐桌上的滚珠圆盘作转盘,用轨道槽代替大面板,灵活轻巧;用钩码箱作转动物体,既容易改变物体质量,又确保重心不变,更便于在刻度尺上读出转动半径;用电动机作动力设备,能进行定量探究。

4. 安培力探究仪

该学具用于定量探究安培力的影响因素,如图 3-4-19 所示。其中图 A(正面图)、B(原理图)、C(背面图中的电源插座板和线圈插座板)为第二代作品。图 D 为第一代作品。

(1) **主要构件**:安装在仪器架上的电子秤、数显电流表、强磁铁、测角器、开关、线圈、电池盒等器材;安装在背面板上的电源插座板(标有 1.5 V、3 V、4.5 V、6 V)和线圈插座板(标有匝数 100、150、200、250),还外接滑动变阻器。

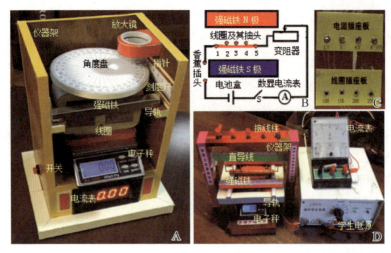

图 3-4-19

（2）**创新要点**：① 精度高：用电子秤测安培力大小，精度达 0.000 1 N。用数显电流表测电流的大小，精度可达 0.01 A。用测角器和放大镜的协作配合，能清晰显示电流与磁场方向之间的夹角，精度达 1 度。② 功能多：既可定量探究安培力的影响因素，又能直接测质量、力、电流，也能间接测磁感应强度、线圈的电感等物理量，还能测安培力的方向。③ 操作易：用香蕉插头，可方便地改变电池节数和线圈的抽头，可获不同的电压和通电导线不同的长度；强磁铁可在仪器架的导轨上方便地滑动，通过改变磁极间的距离来改变磁场的强弱；测角器固定在线圈上，线圈能绕固定在电子秤秤盘上的转动轴任意旋转，指针又固定在仪器架上，可十分方便地直接测出电流与磁场方向之间的夹角。④ 体积小：用钕铁硼强磁铁来代替蹄形磁铁，体积和自重大大减小；用电池盒代替学生电源，体积和自重大大减小；用数显电流表代替电流表，体积也减小许多；再加上电子秤、自制线圈、测角器、仪器架等与上述器材的规格基本一致，便于随身携带。

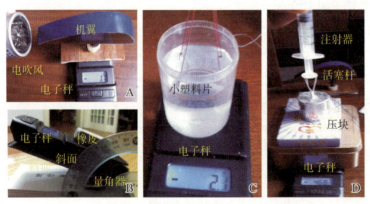

图 3-4-20

再如图 3-4-20，其中的图 A 为直接测量机翼举力的实验装置。图 B 为探究斜面压力影响因素的实验装置。图 C 为直接测量分子引力的实验装置。图 D 为直接测量大气压力的实验装置。

活动四　实验探究

1. 定量探究弹力与形变的关系

用力向下拉绳子,使其分别伸长 2 cm、4 cm、6 cm、8 cm、10 cm、12 cm,读出电子秤的相应示数,如表 3-4-2 所示。

根据表中数据,画出函数图像,如图 3-4-21 所示。由图像可知:在外力超过 2.4 N 时,弹簧已经不再发生弹性形变。由此可以得出探究结论:在弹性限度内,弹簧的弹力与其伸长成正比,即 $F=kx$,其中的 k 即为该弹簧的劲度系数,它能描述弹簧的软硬程度。平常说的弹簧硬,指的就是该弹簧的劲度系数大。

表 3-4-2　电子秤示数

实验序号	1	2	3	4	5	6	7
弹簧伸长 x/cm	0	2	4	6	8	10	12
电子秤示数 m/g	340	292	244	195	149	100	75
示数差 Δm/g	0	49	96	144	192	240	264
弹力 F/N	0	0.49	0.96	1.44	1.92	2.40	2.64

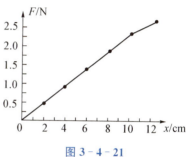

图 3-4-21

2. 定量探究影响摩擦力大小的因素

按设计步骤,将测得电子秤的质量数分别转化为压力 F 和滑动摩擦力 f,并把这些数据填入如表 3-4-3 所示的表格中。由表中的数据可知:滑动摩擦力的大小与压力的大小有关,与物体接触表面的粗糙程度有关,与接触面的大小无关。再将表中的数据画成函数图像,如图 3-4-22 所示。

表 3-4-3　F 与 f 的值比较

实验序号		1	2	3	4	5
压力 F/N		1.88	2.31	2.86	3.35	3.81
板面 f/N	平放	0.49	0.61	0.74	0.87	0.99
	侧放	0.50	0.61	0.74	0.87	0.98
	立放	0.49	0.62	0.75	0.87	0.99
纸面 f/N	平放	0.59	0.74	0.92	1.07	1.22
	侧放	0.60	0.74	0.92	1.08	1.23
	立放	0.60	0.74	0.92	1.07	1.22
布面 f/N	平放	0.83	1.01	1.25	1.47	1.68
	侧放	0.83	1.02	1.26	1.48	1.67
	立放	0.83	1.02	1.26	1.47	1.68

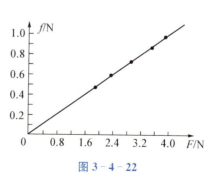

图 3-4-22

由图像可知:同一接触表面物体的滑动摩擦力的大小与其所受的压力成正比,即 $f=\mu F$,该图像的斜率就是动摩擦因素 μ,它描述的是接触表面阻碍物体运动的能力,μ 越大,其表面阻碍物体运动的能力就越强。由表中数据,再根据 $\mu=f/F$ 分别计算得板面、纸面、布面的动摩擦因素:$\mu_1=0.26,\mu_2=0.32,\mu_3=0.44$,说明布面阻碍物体运动的能力比纸面、板面的强,其本质是布面比纸面、板面都要粗糙。

3. 定量探究影响向心力大小的因素

按设计的步骤,将测得的数据填入如表 3-4-4、表 3-4-5、表 3-4-6 所示的表格中。根据表中数据,分别画成函数图像,如图 3-4-23、图 3-4-24、图 3-4-25 所示。由图 3-4-23 可知,向心力 F 的大小与物体的质量 m 成正比;由图 3-4-24 可知,向心力 F 的大小与转动半径 r 成正比;由图 3-4-25 可知,向心力 F 的大小与角速度的平方 ω^2 成正比。

表 3-4-4　转动半径 $r=0.3$ m,周期 $T=1.32$ s

实验序号	小车质量 m/kg	向心力 F/N
1	0.060	0.39
2	0.110	0.71
3	0.160	1.03
4	0.210	1.35
5	0.260	1.67
6	0.310	1.99

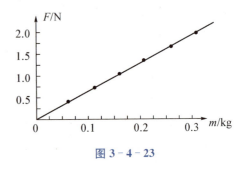

图 3-4-23

表 3-4-5　质量 $m=0.21$ kg,周期 $T=1.32$ s

实验序号	转动半径 r/m	向心力 F/N
1	0.403	1.82
2	0.362	1.63
3	0.314	1.42
4	0.267	1.20
5	0.198	0.89
6	0.145	0.65

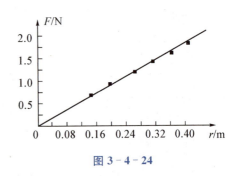

图 3-4-24

表 3-4-6 质量 $m=0.11$ kg,转动半径 $r=0.3$ m

序号	ω/rad·s^{-1}	ω^2/rad^2·s^{-2}	向心力 F/N
1	1.57	2.465	0.07
2	1.79	3.204	0.10
3	2.09	4.368	0.13
4	2.51	6.300	0.19
5	3.14	9.860	0.29
6	4.18	17.472	0.52
7	5.98	35.760	1.15

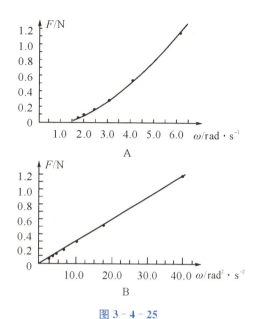

图 3-4-25

综上所述,可得出结论:物体做匀速圆周运动时所受向心力 F,与物体的质量 m 成正比,与转动半径 r 成正比,与角速度的平方 ω^2 成正比,即 $F=kmr\omega^2$。将表格中的相关数据代入该式,可计算出 k 小于 1 且接近 1,取理想数据 $k=1$,可得出计算向心力的公式 $F=mr\omega^2$。

4. 定量探究影响安培力大小的因素

利用探究仪,可以定量探究影响安培力大小的因素。

按设计的步骤,将测得的数据填入如表 3-4-7 所示的表格中。根据表中数据,分别画成函数图像,如图 3-4-26 所示。由图分析可知:通电导线在磁场中受到安培力 F 的大小,与导线中的电流 I 成正比(图 A),与通电导线的长度 L 成正比(图 B),与磁感应强度成正比(图 C),与磁场、电流方向间夹角 θ 的正弦值成正比(图 D)。其数学表达式为:$F=ILB\sin\theta$。

表 3-4-7 测量数据

序号	电流 I/A	导线 L/m	磁场的强弱		磁场与电流间夹角		安培力 F/10^{-2}N
			间距 d/cm	磁感强度 B/10^{-2}T	θ/°	$\sin\theta$	
1	1.16	20	4	3.29	90	1	7.59
2	0.87	20	4	3.29	90	1	5.69
3	0.58	20	4	3.29	90	1	3.81
4	0.29	20	4	3.29	90	1	1.92
5	1.16	16	4	3.29	90	1	6.11
6	1.16	12	4	3.29	90	1	4.58
7	1.16	8	4	3.29	90	1	3.05

续表

序号	电流 I/A	导线 L/m	磁场的强弱		磁场与电流间夹角		安培力 F/10^{-2}N
			间距 d/cm	磁感强度 B/10^{-2}T	θ/°	$\sin\theta$	
8	1.16	20	5	2.98	90	1	6.91
9	1.16	20	6	2.38	90	1	5.52
10	1.16	20	8	1.86	90	1	4.32
11	1.16	20	4	3.29	75	0.966	7.33
12	1.16	20	4	3.29	60	0.866	6.57
13	1.16	20	4	3.29	45	0.707	5.37
14	1.16	20	4	3.29	30	0.500	3.80

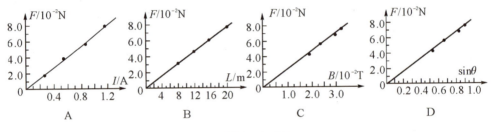

图 3-4-26

5. 探究安培力方向与电流方向、磁场方向之间的关系

分别改变电流方向(由"→"改变为"←")和磁场方向(由"×"改变为"·"),查看电子秤示数的正负("↓"为正,"↑"为负),并把结果分别记录在表 3-4-8 中。分析表中的符号可知:安培力的方向与电流的方向、磁场的方向都有关。

可用左手定则来描述:伸开左手,使大拇指跟其余四个手指垂直,且都跟手掌在同一个平面内,让磁感线垂直穿入手掌心,四指指向电流方向,则大拇指所指的方向,就是安培力的方向,如图 3-4-27 所示。

表 3-4-8 记录符号

实验序号	1	2	3	4
电流方向	→	→	←	←
磁场方向	×	·	×	·
安培力方向	↑	↓	↑	↓

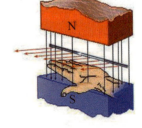

图 3-4-27

上述五个探究性实验,尤其是定量探究影响向心力或安培力大小因素的实验,如果没有电子秤的加盟,是不可能成功的,因为所测得的向心力或安培力太小,小的只有

0.074 N,弹簧秤是无法完成的。如果用郎威数字化实验设备,虽然也能完成,但其价格比较昂贵,一般学校没有这个条件。而电子厨房秤由于价格便宜,已经进入平常百姓家,这样的实验测量或探究对培养和提高学生的实验能力和创新能力的作用是不言而喻的,而且还能使一大批创新型人才从中学这座摇篮里脱颖而出。

五、活动成果

1. 提出的建议受到领导关注

本活动收到学生以"电子秤,我喜欢你"为主题的演讲稿64篇,经过小组、年级、学校三级演讲比赛,3位学生荣获特等奖。这3位学生还在颁奖会上和课题组的所有学生向物理教材编写组提出建议:将电子秤替代天平,写进教材。向生产厂家提出建议:将电子秤的单位选择键由OZ(盎司)变为N(牛),就可以将其测质量的功能拓展为测质量和力的双重功能,将原来教材上推荐的天平和弹簧秤合二而一。同样的道理,此法可推广到电流表和电压表,将它们也合二而一,改革成有数字显示屏的电子式电表,和电子秤一样,只要再增加一个选择键,除了单位选择外,还有电流与电压的功能选择。此建议受到相关领导的重视。

2. 创新的相关学具喜获大奖

与上述活动中密切相关的创新学具或课题研究成果中,有24件作品在扬州市、江苏省、全国乃至国际发明展览会上获奖。扬州电视台、《扬州日报》《苏州晚报》《青少年科技博览》杂志等多家媒体报道或发表了学生的创新成果。如程曼秋的"电子测力计"荣获江苏省青少年科技创新大赛一等奖。朱皓君的"摩擦力探究仪"荣获中国少年科学院小院士课题研究成果一等奖,该学生还被表彰为"全国十佳小院士"。崔师杰的"向心力探究仪"分别荣获国际发明展览会金奖和江苏省青少年科技创新大赛一等奖。韦子洵的"安培力探究仪"荣获江苏省青少年科技创新大赛三等奖。他们的获奖证书如图3-4-28所示。

图3-4-28

六、活动评价

本次活动提高了学生的认知水平，增强了学生的主人翁意识，敢于向教材权威挑战，建议用科技含量高的电子秤替代传统的天平。真正实现了课题组的初衷"我与电子秤交朋友"，这个朋友值得深交。通过对学生个体的评价以及学生对活动的评价，基本实现了预订的活动目标。

1. 渗透教育性

本活动方案的设计关注参与活动的每一个学生，而且这些活动的设计从教育教学规律和当前的课改精神出发，从科学思想、科学知识、科学方法和科学精神等方面渗透，旨在全面提高学生的科技素养和实践能力。

2. 体现创新性

本活动方案的设计将传统的测质量的仪器天平与高科技的电子秤进行比较研究，设计了四个系列活动，并以创新为主线贯穿始终。

3. 具有可行性

本活动方案的设计从初中学生的知识、能力和认知水平的实际出发，共有 4 个系列活动，16 个单项活动。学生只要根据自己的特长与爱好，选择其中的一至二项活动，就算完成任务，这就使活动的开展既有足够的时间保证，又不加重学生的负担，因而也得到了学校领导的高度重视，也得到了许多家长的大力支持，使本活动的设计具有可行性。

4. 确保完整性

本活动方案从设计及其活动的开展，到活动成果的展示，其实施的过程可以说是非常完整，操作的步骤也比较清晰，具体四个系列活动从比、新、探、辩这四个目标出发，有机结合、前后一致、系统配套，也就确保了本活动开展的完整性。

成果五　模拟调光灯的设计与制作实践

树人少年科学院小院士课题组

指导老师　崔伟　方松飞　范方玺

活动时间　2017 年 1 月～12 月

该成果荣获江苏省青少年科技创新大赛一等奖和第 33 届全国青少年科技创新大

赛二等奖，其展板和获奖证书如图3-5-1所示。

图3-5-1

一、活动背景

我校是江苏省"十三五"科学教育综合示范学校，以学科教学为突破口，课内、课外联动，开展了丰富多彩科技实践活动。本活动正是在这样的大背景下进行。内容是缘于苏科版9年级《物理》教材第十四章《欧姆定律》。通常教师对该内容的教学设计是用学科课程的方法进行处理的，将"调光灯"简单地定义为亮度连续可调的电灯，于是束缚了学生的创新思路，只能用滑动变阻器来改变亮度这一种方案。我们利用少科院这个平台，开展课内创新设计、课外创造发明的科技实践活动。

二、活动目标

1. 知识与技能

（1）巩固《欧姆定律》的相关知识，用所学知识设计模拟调光灯。

（2）熟练掌握根据设计的电路连接实物的方法。

（3）能将相关知识与实际生活联系起来，进行创新设计。

2. 方法与过程

（1）培养学生的创新能力、动手能力、理论联系实际的能力。

（2）发展学生的创造性思维，开展发明创造活动，参加各级各类组织的科技创新大赛。

3. 情感态度价值观

（1）激发学生的学习兴趣和求知欲。

（2）培养学生认真、严谨、求实的科学态度。

（3）培养学生合作交往的团队意识。

三、活动计划

1. 活动时间：2017年1月~12月。
2. 活动地点：学校教室、科技活动室、小院士工作室等。
3. 参与对象：树人少年科学院初三学生98人。

四、活动过程

1. 课内创新设计

（1）**评价引入**：教师将上届学生制作的两个可闪烁的小彩灯当作猫头鹰的眼睛，使它时亮时暗，请学生从创新角度评价该灯是否属于调光灯。（调光不局限于调亮度，还可调色彩。灯不局限于1个，可多个。亮度的调节不局限于连续，可闪烁、还可以调亮度的等级。）在获得共识的基础上，学生的创新思维被激活。教师趁热打铁，给出下列器材：若干规格不同、色彩不同的小灯泡，若干开关和1个电池盒与滑动变阻器，要求每个学生运用这些器材按上述评价至少设计出两个调光灯的电路图。

（2）**学生设计**：设计电路如图 3-5-2 所示。① 调电阻：如图 A 所示。移动变阻器的滑片，改变小灯泡的亮度。② 调电压：如图 B 所示。先后闭合 3 个开关，调干电池的节数，改变小灯泡的亮度。③ 调灯泡：如图 C 所示。通过开关 S_1 的断开与闭合，调亮灯的个数。或两灯串联，较暗；或只有一个灯 L_2 工作，较亮。将它们装入一个灯罩内，灯罩就有亮、暗之分。④ 调开关：如图 D 所示。调三个开关的闭合与断开，使装入一个灯罩内的两个不同规格的灯泡的工作有四种可能：两灯串联、只有 L_1 工作、只有 L_2 工作、两灯并联。灯罩就有最暗、较暗、较亮、最亮四种变化。⑤ 调色彩：如图 E 所示。三个彩灯装置于灯罩内。只闭合一个开关，灯罩分别显示红、绿、蓝三色；闭合两个开关，灯罩分别显示黄、品红、青三色；闭合三个开关，灯罩显白色。

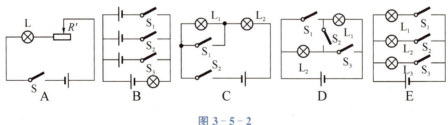

图 3-5-2

（3）**模拟实验**：让学生将上述方案连成模拟电路，并总结利弊，准备交流。

（4）**交流评价**：a. 学生评价：设计①和②调的是一个灯的亮度，其中的设计①能连续调节，但由于其亮度调暗时，在滑动变阻器上也要消耗电能，能效低、不经济。设计③和④调的是装在灯罩内两个灯的总亮度，相比之下，设计③只有亮和暗两种可能，设计④有最暗、较暗、较亮和最亮这四种可能,亮度调得等级多。设计⑤将光的色彩融合到电路中来,可与实验室提供的"彩色合成演示器"的效果进行比较,更能激发学生的创新热情。b. 教师评价:为学生能把调的目光投注在开关上而点赞,这就是创新。并激励学生趁热打铁,打开思维的闸门;把开关进行思维发散,变成光控的、声控的、温控的;把灯进行思维发散,变亮的(电灯)为动的(电动机)、响的(收录机)等。希望学生在课后对原产品(用品)、方法或者其改进提出新的技术方案,开展创造发明。

2. 课外创造发明

(1) **智能台灯**:不少学生从开关入手,变手动为自动,变调光为智控。在需要灯照时自动亮灯,为节能找到突破口。① 有的同学将光敏电阻与台灯结合,发明了图 3-5-3 所示的"智能光照报警台灯",其中图 A 为原理图。光敏电阻 R_2 与可变电阻 R_1 构成一个分压电路,供发光二极管 D 工作。R_1 为可变电阻,它可以通过改变滑动头的位置来改变接入电路中的电阻的大小,R_2 是光敏电阻(图 B),当白天光照正常时,光敏电阻的阻值较小,分得的电压较低,发光二极管不能工作。而当外界光线变暗时,光敏电阻的阻值变大,它两端的电压会变高,当达到发光二极管的工作电压时,发光二极管会有电流通过发出红光报警,并使台灯工作。图 C 为调试时的照片。② 有的同学将录音与台灯相结合,设计了"带录音和根据光线强弱自动开启照明功能的台

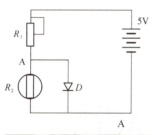

图 3-5-3

灯"，如图3-5-4所示。其中的图A是原理图，图B是实物照片。在普通的台灯上增加了录音和放音功能，并增加了感应光线强弱的装置。当感应装置感应到光线暗时就会自动开启台灯电源，灯亮照明。当感应装置感应到光线强时就会自动关闭台灯电源，台灯关闭。这就使普通的台灯实现了录音、放音和根据光线强弱自动开关照明的功能。③ 也有同学用不同的方式，发明了"红外线智控台灯"。将菲涅尔透镜作接收器(图3-5-5A)，用光控继电器、人体感应开关(图C)作为电源开关，其控制原理如图B所示，图D是学生在调试时的照片。台灯能依据光线强弱和人体活动能自动控制电路的通断，实现光弱灯亮、光强灯熄、人来灯开、人走灯闭，更加智能，更加人性化，达到节能的目的。④ 还有同学将台灯发展为教室照明灯，设计制作了图3-5-6所示的"教室光控节能器"，其原理如图A所示，实物如图B所示。在白天光线充足时，教室的灯不会亮，只有在教室的照度低于300 LX时，灯才会自动点亮。

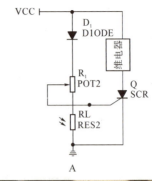

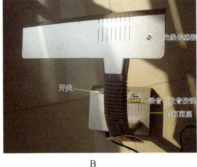

图3-5-4

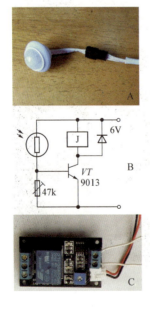

图3-5-5

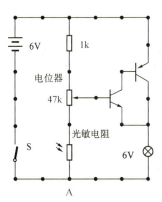
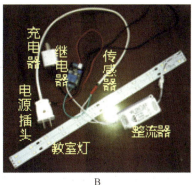

图 3-5-6

(2) **合成彩灯**：不少学生结合实验室的"彩色合成演示器"操作复杂、成功率低等不足，开展创造发明活动。① 有的将红绿蓝 LED 灯装入圆柱形食品筒内，设计了"筒形色光混合仪"，依靠筒壁的反射，红绿蓝混合成的色光照射在白墙上，就形成红、绿、蓝、品红、青、黄、白这七种色彩。② 有的将红绿蓝 LED 灯装入乳白色的球形灯罩内，用三个开关控制，制作了"球形色彩混合灯"。闭合一个开关，灯罩分别显示红、绿、蓝三种色彩。闭合两个开关，灯罩分别显示品红、黄、青这

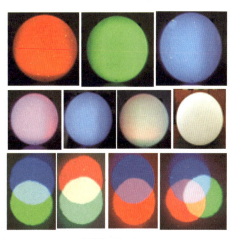

图 3-5-7

三种色彩。将三个开都关闭，灯罩就显示白色。③ 有的同学综合上述两个作品的优点，将红绿蓝 LED 小彩灯装入圆柱形食品筒内，用三个开关控制，发明了"改进型彩色合成演示器"。依靠筒壁的反射，两种色光或三种色光照射在白墙上，如图 3-5-7 所示。它比实验室现成的"彩色合成演示器"具有结构巧、操作易、成本低、效果好、体积小、外观美、易推广的优点。

(3) **发明创造**：不少学生对马达、充电器、电磁开关等玩具零件提出改进方案而成为新的发明作品。① 有的同学将玩具马达、超级电容器、太阳能电池板与上述的合成彩灯结合，发明了"多功能能量转化仪"，如图 3-5-8 所示。其中图 A 为零件实物图，图 B 为设计电路图。它集"声、光、电、力"等实验于一体。用超级电容器为电源，将手摇动摇柄而产生的机械能、太阳能电池板提供的太阳能和照明用的电能等绿色低碳能源存储起来。用 2 个 USB 插口分别作为电源的输入或输出，将玩具马达、LED 灯、电子音乐芯片等作为用电器，用 6 个拨动开关将这些用电器连接成串、并联电路。这可做初中物理系列实验。② 有的同学发明了"电动自行车安全温控防爆充电器"，如

图 3-5-9 所示。图 A 是构件装置照片，图 B 是电原理图，相当于一个智能开关。加

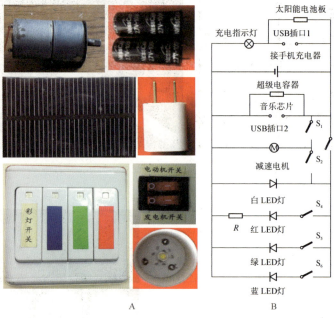

图 3-5-8

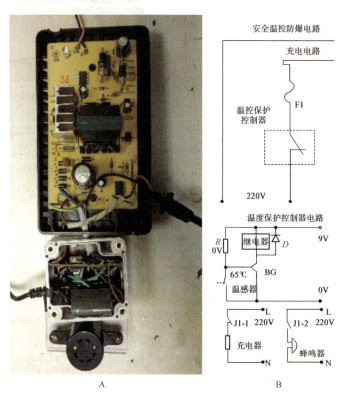

图 3-5-9

装超温告警、断电控制和温度传感控制功能的安全保护装置,解决了电动自行车的蓄电池因充电温度过高而导致蓄电池鼓胀爆炸的问题,同时又能延缓了蓄电池的安全使用寿命。③ 有的同学将智能开关应用在渣土车的电磁点火电路,发明了"主动式防超载、防扬尘全封闭渣土车",如图 3-5-10 所示。其中的图 A 为电原理图,图 B 为实物调试图。通过点火系统电路改造实现渣土车车厢未密闭情况下闭锁启动的技术方案,可改变长期以来的被动执法,真正做到主动防控,实现标本兼治,维护城市环境,保证人身安全。

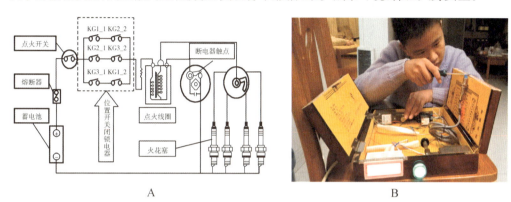

图 3-5-10

(4) **成果展示**:为了展示学生作品,学校举办树人园杯创造力大赛,将许多学生发明作品进行展示,如图 3-5-11 所示。其中图 A、B 为展示现场的照片,C 为智能光照报警台灯,D 为带录音和根据光线强弱自动开启照明功能的台灯,E 为红外线智控台灯,F 为智能节电灯,G 为教室光控节能器,H 与 I 为筒形色光混合仪,J 为球形色彩混合灯,K 为改进型彩色合成演示器,L 和 M 为多功能能量转化仪,N 为电动自行车安全温控防爆充电器,O 为主动式防超载、防扬尘全封闭渣土车。这些作品在创造力大赛中都荣获创造发明类一等奖。

图 3-5-11

五、活动评价

1. 对学生个体的评价

采取他评与自评相结合的方法,让教师对学生、学生对学生、学生对自己进行评价。主要评价该学生参与本次活动的态度,在活动中所获得的体验情况,实践的方法、技能的发挥情况,学生创新精神和实践活动能力的发展情况。学校收到学生的课题研究论文 96 篇,其中 15 篇获江苏省或全国的等级奖。经过综合评定,98 人中有 29 人获优秀,58 人获良好,11 人为合格。

2. 学生对活动的评价

让学生从组织者的角度对活动的可行性、实用性、普及性、提高性、创新性、完整性、教育性等方面进行评价。不少学生从普及与提高的辩证角度进行评价,认为本活动的开展具有普及性,因为活动中的每个细节能充分顾及参与活动的所有学生,对相关知识的要求不高,符合初中学生的理解深度和接纳程度。认为本活动的开展具有提高性,是因为在此基础上,对本课题研究,有利于活动成果的积累提升,为参加江苏省乃至全国的科技创新大赛奠定了厚实的基础。也有学生认为本活动从课内创新设计到课外发明创造,紧紧围绕教学目标而展开,使本活动逐步完整,具有创新性、完整性和教育性。

六、创新要点

1. 以物理教学为载体,课内与课外联动,为开展丰富多彩的科技实践活动找到突破口。

2. 调节不局限于调亮度,还可以调色彩。灯不局限于一个,可多个。亮度的调节不局限于连续,可闪烁,还可以调亮度的等级。

3. 课内创新设计围绕调电阻、调电压、调灯泡、调开关、调色彩展开,在交流评价中提高。

4. 课外创造发明由智能台灯、合成彩灯、发明创造人数,以成果展示、参赛获奖收官。

自评记录表

姓名

章节	自评等级	每节自评关键词	每章自评小结
第一章			
第一节			
第二节			
第三节			
第四节			
第五节			
第六节			
第七节			
第二章			
第一节			
第二节			
第三节			
第四节			